# DOCUMENTS RELATIFS

AUX

# DÉFENSES DE PLANTER DES VIGNES

SANS AUTORISATION

# DANS LA GÉNÉRALITÉ DE GUIENNE

AU XVIII$^{e}$ SIÈCLE

TRANSCRITS

PAR

M. le D$^{r}$ GEORGES MARTIN

Président du Syndicat viticole des Graves de Bordeaux.
Vice-président de la Société des Archives Historiques de la Gironde.
Ancien président de la Société de Médecine et de Chirurgie de Bordeaux.
Officier de l'Instruction Publique.

BORDEAUX
FERET ET FILS
LIBRAIRES

MACON
PROTAT FRÈRES
IMPRIMEURS

1907

MACON, PROTAT FRÈRES, IMPRIMEURS

# DOCUMENTS RELATIFS

AUX

# DÉFENSES DE PLANTER DES VIGNES

SANS AUTORISATION

# DANS LA GÉNÉRALITÉ DE GUIENNE

AU XVIIIe SIÈCLE

TRANSCRITS

PAR

M. le Dr Georges MARTIN

Président du syndicat viticole des Graves de Bordeaux.
Vice-président de la Société des Archives Historiques de la Gironde.
Ancien président de la Société de Médecine et de chirurgie de Bordeaux.
Officier de l'Instruction Publique.

BORDEAUX
FERET ET FILS
LIBRAIRES

MACON
PROTAT FRÈRES
IMPRIMEURS

1907

# DOCUMENTS RELATIFS
## AUX DÉFENSES DE PLANTER DES VIGNES
### SANS AUTORISATION
## DANS LA GÉNÉRALITÉ DE GUIENNE
### AU XVIII$^{e}$ SIÈCLE

Communiqués et transcrits par M. le Dr Georges Martin.

En 1709, une forte gelée détruisit une partie du vignoble bordelais ; une hausse importante dans le prix des vins en résulta. Les propriétaires se mirent alors à planter, et beaucoup trop, dans les prairies et terres à blés. L'avilissement des prix, conséquence d'une trop grande production, et la crainte de famines portèrent l'intendant Boucher à demander, en 1724, l'arrachement de la moitié des vignes plantées depuis 1709. Le Conseil d'État ne partagea pas cet avis, et se contenta, en 1725, de défendre en Guienne toute nouvelle plantation qui ne serait pas l'objet d'une autorisation spéciale. Pour l'obtenir, il fallait que le fonds ne fût propre à aucune autre culture et qu'on arrachât une égale quantité de vieilles vignes. En 1726, Montesquieu, qui venait de vendre sa charge de Président, acheta à Pessac, tout près du crû si estimé de Haut-Brion, de compte à demi avec J. de Sarrau de Boinet, pour soixante livres, trente journaux de landes en friches pour les complanter en vignes. L'autorisation sollicitée fut refusée. C'est alors qu'il fit paraître son mémoire contre l'arrêt de 1725 (imprimé ainsi que les lettres échangées à ce propos entre Le Peletier et Boucher dans les *Mélanges inédits de Montesquieu*, publiés en 1892 par le baron Charles de Montesquieu), où il montrait qu'une telle défense était *inutile* — le particulier savait mieux ce qu'il a à faire que le ministre — et *dangereuse* pour la Guienne, qui étoit fort gênée dans ses plantations, alors que, tout autour d'elle, on pouvait planter librement. Dans cette entreprise, Montesquieu n'entrevit sûrement pas les gros dividendes, mais l'argument de fait dont, un jour, il pourrait faire usage. S'il avait eu en vue son intérêt matériel, il ne se serait pas adjoint un associé appelé à avoir sa part dans les bénéfices, et il n'aurait pas fait l'acquisition de terres à Pessac, des fonds uniquement propres à la vigne ne lui manquant pas à La Brède. Mais, à La Brède, la vigne n'eût jamais acquis une très grande valeur, et, de plus, il y aurait été mis en demeure d'arracher trente journaux de vieilles vignes; c'eût été trop préjudiciable à ses intérêts. Au contraire, les chances de plus-value étaient énormes à Pessac, et, avec une terre appartenant à deux personnes, il éludait cet arrachement préalable. En effet, une société qui ne possédait pas le moindre pied de vignes, ne pouvait être soumise à cette obligation. Il pensait, dès lors, obtenir l'autorisation. Celle-ci accordée, la vigne plantée, les vins vendus à des prix rivalisant avec ceux de Haut-Brion, ce fonds de lande centuplé de valeur, il aurait prouvé à tous, *par un fait tangible*, que l'État ne peut contrecarrer l'industrie d'un particulier qui veut transformer la valeur d'une terre.

Voilà les projets qu'il avait conçus ; mais ces projets échouèrent par le mauvais vouloir d'un intendant qui ne se montra pas toujours aussi sévère.

Dans la suite, cette permission fut accordée à Montesquieu, mais il n'eut jamais la satisfaction de voir sa plantation de Pessac prendre la valeur rêvée de 4 à 500.000 livres; et ses critiques eurent des résultats tout autres que ceux qu'il avait recherchés. En 1731, les défenses de planter, au lieu d'être abrogées, furent étendues à tout le royaume. Mais l'avenir prouva qu'il avait eu raison de les qualifier d'inutiles ; car ni les arrêts, ni les ordonnances, ni les condamnations de Boucher ou de Tourny n'arrêtèrent la fureur de planter. En 1756, Tourny était obligé de reconnaître que la fraude avait été plus industrieuse que l'attention des surveillants, car, à cette date, il y avait plus de vignes qu'en 1731.

Tous les documents que nous publions, sauf un mémoire de Sarrau de Boinet — l'associé de Montesquieu — proviennent des Archives départementales de la Gironde (fonds de l'Intendance), où nous avons choisi, parmi plus d'un millier de pièces, celles qui nous ont paru les plus propres à donner une juste idée de l'intensité du mal et de l'inefficacité du remède.

---

**LETTRE de Dodun, contrôleur général, à Boucher, intendant de la généralité de Guienne, sur les moyens à employer pour remédier aux conséquences de la multiplicité des vignes.**

C. 1337.

---

A Fontainebleau, le 7 novembre 1724.

Monsieur,

Vous me marquez par la lettre que vous avez pris la peine de m'écrire, le 28 aoust, que la quantité de vignes qui étoient plantées et que l'on plante tous les jours aux environs de Bordeaux, même dans des terrains qui seroient propres à porter du bled et à laisser en pacage, cause tous les ans le même embaras pour aprovisionner cette ville de bled, et que le moïen le plus sûr est d'arrester cette plantation ; même de faire suprimer une partie des vignes plantées dans les lieux propres à recevoir du bled et à mettre en pacage ; que, mesme du temps que Mrs de la Bourdonnaye et de Courson étoient intendans de cette province, il a été dressé quelques projets pour y parvenir. Je vous prie de m'envoïer tous les mémoires que vous pourez rassembler sur ce sujet, et d'y faire joindre vos réflexions particulières. Je suis, Monsieur, votre très humble et très affectionné serviteur.

DODUN.

---

**MÉMOIRE de Boucher, intendant de Guienne, au contrôleur général Dodun au sujet des vignes de la généralité de Bordeaux[1].**

C. 1337.

---

10 décembre 1724.

La ville de Bordeaux étoit anciennement située au milieu d'un marais et toute entourée de bois, de terres labourables, prairies et paccages. Quelques particuliers ayant défriché le canton apelé *les Graves*, terrain fort propre pour la vigne et le vin étant d'une excelante qualité, le revenu considérable qu'ils tirèrent de leurs vins détermina aisément les autres propriétaires à suivre leur exemple. Si l'on s'étoit borné à ne deffricher que les endroits propres pour la vigne, cela auroit procuré un grand avantage à cette province ; mais l'avidité du gain a porté les propriétaires à planter en vigne toute leurs possessions, sans aucune distinction, palus, paccages, terres labourables, bois, etc. Tout a été mis en vigne, et à près de dix lieües aux environs de Bordeaux, on ne voit qu'un vignoble. Cette même fureur a gagné le reste de la province. On a converti en vignes une partie des terres labourables qui étoient dans les plaines d'Agen, Condom et Nérac ; on en a usé de même dans la plaine de Bergerac, et dans une partie du Périgord. Et, si on ne met un frain à cette fureur de planter des vignes, cette province, qui sans contre dit seroit une des meilleures du royaume, si elle étoit variée, deviendra infailliblement la plus misérable. Il ne faut que deux années d'abondance pour en faire une triste expérience, et l'on commence déjà, cette année, à s'en apercevoir. Cette multiplicité de vignes donne lieu à une infinité

1. Par lettre du 19 novembre, Boucher avait annoncé à Dodun l'envoi prochain de son mémoire sur l'arrachement d'une partie des vignes ; il voulait avant « le communiquer à des personnes sages, éclairées et entendues sur la matière. » Le 10 décembre, il lui adresse ce mémoire qu'il n'a montré qu'à quelques personnes : « Les gens de ce pays, dit-il, pensent d'une façon si bisarre que j'ai pris le parti de cesser ces communications. » Il ajoutait : « Si vous faites difficulté de statuer dès à présent sur l'arrachement d'une partie des vignes, il serait nécessaire de rendre un arrêt pour défendre les nouveaux plants, car je sais des personnes qui ont déjà disposé leurs terres pour planter de la vigne. »

d'inconvénients. Il est inutile d'en faire d'un (*sic*) détail exact, et l'on se contentera dans ce mémoire de parcourir les principaux ; et, ensuite, on proposera les moyens qui paroissent les plus propres pour y remédier.

Le premier inconvénient est la disette des manœuvres, n'étant pas possible que la province puisse fournir la quantité qui seroit nécessaire pour cultiver toutes les vignes. Cette disette est si grande que, dans la seule banlieue de Bordeaux,' on y employe tous les ans jusqu'à 10.000 étrangers, qui y sont attirés par le prix exhorbitant qui se paye pour les journées, lesquelles sont réglées à la fantaisie du paysan que les propriétaires sont obligés de laisser dans leurs biens pour faciliter la culture ; et s'ils s'abstenoient d'y venir, on perdroit au moins les deux tiers de la récolte du vin. La rareté des manœuvres produit encore un autre inconvénient : les propriétaires des vignes, dans la crainte qu'elles ne demeurent en friche, s'enlèvent les uns aux autres les manœuvres en leur donnant sous main des prix excessifs, sans oser même se plaindre de ce qu'ils n'employent pas à leurs travaux le tiers de la journée ; ce qui rend le paysan très insolant et l'entretien dans une indépendance et une fainéantise qui n'est pas pardonnable.

La quantité de vin qui se recueille donne encore lieu à un autre inconvénient par raport au nombre immense de futailles qui sont nécessaires, ce qui détermine la plus part des paysans à aprendre le métier de tonnelier. Pour cet effet, ils s'engagent pendant deux ou trois ans avec un tonnelier, et, quand une fois ils ont apris le métier, ils travaillent pour leur compte. Et par le profit considérable qu'ils tirent de la construction des barriques, ils engagent par leur exemple tous les autres paysans à aprendre le même métier, au moyen de quoy les campagnes se trouvent dépeuplées de manœuvres nécessaires pour la culture des vignes.

Il résulte encore un autre inconvénient de cette multiplicité de tonneliers : c'est que les recrues deviennent impossible dans toute la province de Guyenne, laquelle fournissoit autrefois un nombre considérable de bons et vaillans soldats, et il ne s'y forme presque plus de matelots, et si, par malheur, on étoit obligé de lever des milices, la chose ne se pourroit faire sans ruiner totalement la province. Joignant à cela la quantité de bois nécessaire pour la construction des barriques dans un pays où tous les bois ont été deffrichés et plantés en vigne, celle qu'il faut pour brûler les vins qu'il n'est pas facile de vendre aux étrangers. Et il n'est pas étonnant que le prix en soit excessif; il est même à craindre que, dans peu d'années, on ne trouvera plus de bois nécessaire pour la construction des barriques et brûler les vins ; on est même dès à présent obligé d'en faire venir des pays étrangers ; et, par le prix excessif qu'ils se vendent, il arrivera nécessairement que les étrangers tireront la pluspart des vins de Guyenne pour le prix des bois qu'ils y feront transporter, ce qui rendra la province aussi pauvre qu'elle est riche présentement.

Mais l'inconvénient le plus dangereux est la rareté et la disette des grains, qui oblige tous les ans à en tirer des pays étrangers pour pourvoir à la subsistance de la ville de Bordeaux, ce qui rend le prix du pain très cher dans les années même les plus abondantes, sans compter l'argent qui sort de la province pour se mettre à l'abry de la famine ; et si, par malheur, la mer étoit fermée, la ville de Bordeaux seroit réduite à la dernière misère. D'ailleurs, la nécessité de transporter aux isles les vins qui se recueillent dans les marais et les palus, lesquels ne sont propres à aucun autre usage, a introduit un autre abus qui augmente encore la disette des grains : on convertit en farine le peu de grains qui se recueillent dans les élections de Condom et d'Agen, ce qui ôte la seule ressource qui restoit dans la province pour pouvoir subsister ; et, comme ces farines sont d'une excelente qualité pour les cargaisons, toutes les autres provinces du royaume qui commercent aux isles ont pris le party de s'en procurer, ce qui en augmente le prix et la rareté.

La plantation de ces palus et marais en vignes a encore ôté une quantité considérable de paccages qui étoient aux environs de Bordeaux, ce qui cause la disette des bestiaux et augmente considérablement le prix de la viande, et met tous les jours les bouchers aux expédiens pour en pouvoir fournir.

Il y a aussi un autre inconvénient, non moins considérable, par raport à la taille et autres impositions qui se font au profit de Sa Majesté. Les bourgeois et habitans de Bordeaux sont exempts de taille par raport aux vignes qu'ils possèdent dans la sénéchaussée de Bordeaux, laquelle contient un pays immense. Ce privilège les a engagés à acquérir toutes les vignes qui sont dans l'étendue de la même sénéchaussée ; en sorte qu'on est obligé de répartir les impositions sur des paysans et des malheureux journaliers, lesquels, se trouvant dans l'impossibilité de payer leurs impositions, donnent lieu à des restes considérables dans l'election de Bordeaux. Il n'en seroit pas de même si l'on obligeoit d'ensemencer en bleds et autres grains les terres qui sont propres à les porter. Le privilège des habitans de Bordeaux cessant, ils seroient forçés de payer eux-mêmes la taille ou d'affermer leurs terres à des gens taillables, ce qui en rendroit la perception beaucoup plus facile.

Tout le monde, en général, convient de ces inconvéniens ; aussi souhaite-t-on tous les ans une médiocre récolte de vin, par l'embarras où on se trouve de les vendre lorsque les années sont abondantes. On convient encore qu'il est absolument nécessaire de deffendre les nouveaux complans et de faire arracher au moins un tiers des vignes qui sont actuellement plantées. Mais la difficulté est de faire le choix des cantons où les vignes doivent être conservées, et ceux où il en faut arracher par le peu d'utilité qu'en retirent les propriétaires, et le tort qu'ils font aux bons vignobles par la quantité de vins qui se recueillent dans ces mauvais cantons. On estime qu'il faudroit arracher indistinctement les vignes dans toutes les terres propres à porter des bleds, du chanvre, des foins, et former de bons paccages, et ne laisser subsister que les vignes qui sont dans des terrains qui ne sont propres qu'à produire de bon vin.

En premier lieu, il conviendroit d'arracher toutes les palus de la Gironde, de la Garonne, de la Dordogne et la rivière de l'Isle, à l'exception de l'Ambez (pour la partie qui joint le Monferrant), du Monferrant, de Queyries, de Quinsac et de Paludate (près Bordeaux). En deuxième lieu, il faut arracher toutes les vignes du Blayois (ce canton n'ayant que des terres propres à porter des grains, à mettre en prairies et à planter des œuvres, c'est-à-dire des saules ou autres arbres propres à fournir des échalats), parce que tous les vins qui s'y recueillent sont de très mauvaise qualité, et ne servent qu'à empêcher la vente des bons vins par leur quantité, et consomment une infinité de bois pour être convertis en eau-de-vie.

En troisième lieu, il y auroit quelques vignes à arracher dans le Bourgés, lesquelles sont dans des fonds bas et gras, qui ne sont propres qu'à produire des grains et à mettre en pacages. Il en est de meme des palus qui sont au dessous de la paroisse de Quinsac, et toutes celles qui sont plantées dans les isles de la Garonne et autres rivières de la Guyenne.

En quatrième lieu, il faut arracher toutes les vignes qui sont dans le plat pays de la Benauge et du reste de l'Entre-deux-Mers, à l'exception des côtes, où les vignes doivent être conservées.

En cinquième lieu, il faudroit faire arracher les vignes qui ont été plantées le long des deux bords de la rivière du Lot. Il en faudroit user de même de celles qui ont été plantées le long des bords du Drot, de la Dordogne et de la rivière de l'Isle, à deux lieues au large. En un mot, il faudroit arracher toutes les vignes plantées, depuis 1709, dans tout le haut pays et la généralité de Bordeaux, à l'exception des graves du Médoc, des graves de Bordeaux et des costes, et remettre le reste des terres en bleds, foins, aubarèdes et bois, et faire deffenses de planter, à l'avenir, sans une permission par écrit, après avoir vériffié si le terrain destiné pour la plantation n'est propre à porter aucune autre denrée plus utile à la province.

Il se voit par le détail des vignes qu'il faut arracher que cet ouvrage demande une grande attention, et que, pour y parvenir, il seroit nécessaire de faire une visite exacte de tous les cantons actuellement plantés en vigne, et d'y employer des gens sages, prudens et désintéressés, afin d'éviter les plaintes que les propriétaires des vignes ne manqueroient pas de faire, lorsqu'ils seront obligés d'en arracher une partie. Mais, pour leur ôter toute sorte de prétexte et leur rendre en quelque façon justice sur la nécessité où ils seront d'arracher une partie de leurs vignes pour le bien de la province, il paroît juste de leur accorder un dédomagement proportionné à la perte de leur revenu, lequel souffrira certainement quelque retranchement.

Les propriétaires dont les vignes seront conservées, trouvant un revenu beaucoup plus certain et un prix plus considérable des vins qu'ils recueillent, doivent sans difficulté contribuer à ce dédomagement. On pourroit le fixer à une somme certaine par chaque journal de vigne qui sera conservé, et le régler sur le prix que les vins se vendront dans chaque canton réservé. Par exemple, les propriétaires des vins qui se vendent communément 200 livres le tonneau, payeront une fois seulement un écu par chaque journal de vigne conservé : ceux qui vendent 300 livres payeront 4 livres 10 ; et les autres à proportion du prix de leur vin. On trouveroit par ce moyen de quoy indemniser les propriétaires de vignes qui seroient arrachées, en leur donnant un quart, un tiers ou moitié de la valeur de leur héritage, et de quoy payer les apointemens des personnes qui seroient employées à dresser les procès-verbaux des vignes qu'il faudroit arracher et de celles qu'il seroit à propos de conserver.

Les propriétaires des vignes arrachées n'auroient pas sujet de se plaindre de la diminution de leur revenu au moyen de ce dédomagement ; et ceux dont les vignes seroient conservées, devroient s'estimer heureux de s'assurer un revenu considérable et certain pour une somme modique qu'ils seroient obligés de fournir à ceux dont les vignes seroient arrachées.

Ce projet n'est pas nouveau : il a eté proposé dès le temps que Mr de Bezon étoit intendant dans la province. Mrs de la Bourdonnaye et de Courson en ont également reconnu l'utilité ; les guerres en ont empêché l'exécution. Mais elle devient indispensable, à présent, par la quantité immense de vignes qui ont été plantées qui nuisent absolument [à] la province, laquelle, avec deux années d'abondance, seroit la plus pauvre du royaume et réduite à mourir de faim, si par malheur la guerre luy fermoit le passage des grains par la mer.

On objectera qu'en suprimant une partie des vignes, l'on diminueroit les droits que le Roi perçoit pour la sortie des vins et eaux-de-vie de la province de Guyenne. Mais, si l'on fait attention à la quantité de vin qu'on est obligé de vendre à pot et à pinte dans la ville de Bordeaux et dans tout le reste de la généralité, où toutes les maisons sont autant de cabarets, par l'impossibilité de s'en défaire autrement, et à celuy qui se perd par les chaleurs et par les remplissages, il est certain qu'il sortira tous les ans la même quantité de vin et d'eau-de-vie qu'il en est sorty jusqu'à présent, et que les droits du Roy n'en souffriront aucun retranchement. En effet, il y a vingt ans qu'il y avoit dans cette généralité les deux tiers moins de vignes qu'aujourd'hui : cependant il se chargeoit autant de vin et d'eau-de-vie qu'à présent. Le fait demeurera pour constant, si l'on veut comparer les registres de ce temps là avec ceux des dernières années. Il y a cependant une exception à faire par raport aux vins de palus. Comme le commerce des isles est considérablement augmenté depuis vingt ans, il se charge une plus grande quantité pour les isles ; mais, comme ils ne payent point de droits de sortie, cela est indifférent pour les revenus de Sa Majesté. Ce qui prouve d'une manière évidente que l'abondance du vin n'augmente point les droits de sortie, c'est qu'il en est presque autant sorty les deux dernières années qu'en 1721, quoy que la récolte de 1720 ait produit le double des années ordinaires ; aussi, resta-t-il sur les vignes une quantité considérable de raisins qu'on négligea de faire couper par l'impossibilité de trouver des vaisseaux pour les mettre.

Cette affaire est importante et mérite une singulière attention ; il s'agit du salut d'une belle et grande province, dont tous les habitans, ennyvrés, pour ainsy dire, par l'apas d'un gain dont ils reconnaissent aujourd'huy l'erreur, courent à une ruine inévitable. Il ne faut qu'une année semblable à celle-cy pour les réduire dans une triste situation.

Comme la fureur de planter des vignes ne s'est pas bornée à la seule province de Guyenne et que la pluspart des autres provinces du royaume en sont également infectées, il seroit peut-être à propos d'y aporter le même remède ; mais cela passe les bornes qu'on s'est prescrit dans ce mémoire, dans lequel l'on a eu pour objet que la province de Guyenne, où le mal est porté à son comble et demande un prompt remède.

Ce mémoire a été communiqué à différentes personnes : toutes sont convenues de la nécessité d'arracher au moins un tiers ou un quart de vignes ; d'autres se sont portées jusqu'à la moitié. Mais les avis sont partagés sur la manière d'y parvenir : plusieurs ont aprouvé le plan proposé dans ce mémoire, et le trouvent également utile à l'Etat, à la province et à chaque propriétaire en particulier ; mais ils ne laissent pas trouver quelque difficulté dans l'exécution. Les autres se persuadent qu'il y auroit de l'injustice de faire arracher à un particulier toutes ses vignes, parce qu'elles se trouveroient plantées dans un terrain propre à porter du bled, du foin, et former de bons paccages, étant certain que ce particulier perdroit par là un revenu considérable, et cela pour enrichir les propriétaires des vignes conservées en leur procurant des barriques, des échalats, et des vignerons à meilleur marché, et leur facilitant le moyen de vendre plus sûrement et plus avantageusement leurs vins. C'est pourquoy ils estiment qu'il seroit plus à propos de faire arracher un tiers ou un quart de toutes les vignes, sans distinction des crus et des terrains où elles sont plantées.

L'on peut répondre que, dans le plan proposé par ce mémoire, les propriétaires des vignes conservées, devant rembourser à ceux dont les vignes seront arrachées, achettent en quelque manière la diminution du prix de la culture et la sureté d'un débit avantageux de leurs vins. Ainsy le motif qui détermine à proposer d'arracher indistinctement un tiers, un quart ou une moitié des vignes cessant, ce projet semble devoir tomber de luy-même, d'autant plus que, si on prenoit ce party, il se trouveroit des terrains actuellement plantés en vignes qui ne sont propres à porter aucune autre denrée, lesquelles, par là, deviendroient incultes ; ce qui seroit également préjudiciable au propriétaire, à la province et à l'État en général, auquel il importe que toutes les terres soient cultivées et qu'elles produisent les denrées qui leur sont propres, afin d'en procurer l'abondance.

A quoy il faut ajouter qu'il y a des crus de distinction (dont les vins se vendent un prix si considérable qu'on ne le pourroit croire si on n'en étoit témoin), dont le terrain n'est propre qu'à la vigne. Il y auroit non seulement de la dureté, mais il serait très préjudiciable à la province de laisser inculte un tiers ou un quart de ce terrain ; et l'on peut avancer avec confiance que ce n'est que l'esprit d'envie et de jalousie qui puisse donner lieu à une pareille proposition.

D'autres proposent de faire arracher indistinctement toutes les vignes qui ont eté plantées depuis vingt ans ou du moins depuis 1709. Cette proposition paroît raisonnable ; car, outre qu'on ne peut se plaindre en obligeant ceux qui ont fait ces complans de remettre leurs terres dans la même nature qu'elles étoient avant le changement qu'ils ont fait, on ne doit pas présumer qu'elles restent incultes, à moins qu'il ne s'en trouvât dans le nombre qui ne fussent uniquement propre qu'à la vigne ; auquel cas il faudroit nécessairement faire une exception en leur faveur. Il est aussi nécessaire d'observer qu'il en a coûté beaucoup aux propriétaires pour planter ces terres en vignes, et qu'au moyen de leur supression les frais de culture et de récolte des vignes anciennes diminuant considérablement et la vente devenant plus sûre et plus avantageuse, il y auroit de la justice d'obliger les propriétaires des anciennes vignes conservées de donner un dédommagement à ceux qui seroient forcés d'arracher leurs vignes, et le régler sur le prix proposé dans ce mémoire.

On ne peut disconvenir que ce dernier projet ne soit plus facile dans l'exécution, et qu'il n'évite beaucoup d'inconvéniens qui se trouveroient dans celui qui a été proposé d'abord dans ce mémoire, quoy qu'il soit plus exact ; peut être même sera-t-il du goût de plus de personnes, chose qui n'est pas indifférente quand il est question de réformer des abus. Ainsy l'on pourroit revenir au premier projet, afin de ne conserver que le nombre des vignes qui seroit jugé convenable.

L'on a fait encore différentes propositions, par exemple, d'obliger les propriétaires des vignobles de les couper et séparer par des allées qui continsent au moins le quart du terrain de leur vignobles, c'est à dire de faire un jardin de leur vigne, et forcer un propriétaire à laisser inculte le quart de son héritage, et le priver par ce moyen d'un quart de son revenu, et la province et l'Etat de la denrée qu'il pourroit produire, s'il étoit en culture.

D'autres ont proposé de couper tous les six ans, à commencer cette année, toutes les vignes au pied, afin de faciliter la vente des vins des dernières récoltes, et n'être plus exposé à l'abondance du vin qui en empêche la vente [1]. Enfin, chacun raisonne suivant son génie, et, quoy que toutes les propositions ne méritent pas d'être rapellées dans un mémoire tel que celui cy, elles ne laissent pas de prouver qu'en général tout le monde convient de la nécessité d'arracher une bonne partie de vignes, sans quoy la province ne pourra jamais se soutenir. En effet, s'il venoit encore une année pareille à celle-cy, où l'on ne trouve point à vendre le vin, les deux tiers au moins de la province seroient ruinés.

[Dans la marge de la première page, on lit cette note, qui paraît être de la main de Dodun :]

« Ce mémoire est fait d'après de mauvais principes et ne sera probablement jamais exécuté. Ce genre de culture se balancera comme tous les autres commerces, et, lorsque les frais excéderont les produits, les propriétaires arracheront leurs vignes ; on commencera par les petits vins qui, étant d'un prix médiocre, pourront moins suporter les frais, et par les bonnes terres que l'on exploitera, pouvant convenir à un genre de culture plus utile ; ainsy, tout reprendra son niveau par l'interest particulier, beaucoup plus fort et moins tyrannique qu'une loy, qui seroit odieuse dans son exécution. »

1. Ce projet était de Cressé, trésorier de France, qui, dans une lettre à Boucher du 24 novembre, insiste sur le vil prix des vins : « Il s'est donné des vins, dans le Blayois, en barriques, qui ont cousté quarante écus la douzaine, à dix sept écus le tonneau ; les plus chers ont été donnés à vingt deux écus ; les rouges, à trente deux. Jugez, monsieur, de l'état des propriétaires qui ne trouvent pas à beaucoup près leurs frais de culture et de récolte ; où prendront-ils de quoy vivre et de quoy cultiver de nouveau leurs biens ? Sans votre secours, monsieur, la province est perdue sans ressource. »

**LETTRE de Boucher à Dodun lui envoyant une lettre d'un négociant d'Amsterdam qui se plaint de la trop grande quantité de vignes en Bordelais.**

C. 1337. Minute originale.

---

Bordeaux, le 9 février 1725.

Monsieur le controlleur général,

J'ai eu l'honneur de vous envoïer un mémoire sur la nécessité d'arracher une partie des vignes de cette province ; je puis vous certifier que c'est le sentiment unanime de tous les propriétaires. Les étrangers pensent de même, ainsi que vous le connoitrés par la copie d'une letre écrite par un négociant d'Amsterdam à M. Dudon, avocat général. Il a cru que je devois vous en adresser une copie qu'il m'a fourni lui-même et qu'il a certifié, afin de vous confirmer ce qu'il a déjà eu l'honneur de vous écrire à ce sujet. J'ai celui d'être....

---

**ARRÊT du Conseil d'Etat défendant de planter des vignes dans la généralité de Bordeaux sans une permission du Roi.**

C. 1337.

---

27 février 1725.

Le Roy étant informé que dans les meilleurs cantons de la généralité de Bordeaux, les habitans ont depuis plusieurs années abandonné la culture des terres labourables, pour se livrer par préférence à la plantation des vignes, dans l'espérance de trouver un profit considérable dans les vins que les étrangers sont dans l'habitude d'enlever, et ont transformé dans ce revenu le produit ancien de leurs héritages, sans faire réflexion aux inconvénients qui résultent de la trop grande abondance, toujours à charge aux propriétaires par les frais de vendange et la cherté du merain, dont le prix a été porté si haut dans les dernières années que les futailles et la façon des vignes ont excédé le prix du vin : à quoy Sa Majesté désirant pourvoir pour le propre intérêt des habitans de ladite généralité de Bordeaux, et procurer une diminution raisonnable sur le prix des bois, dont on ne peut se dispenser de faire usage pour pour les cuves, futailles et autres attraits de vendange ; oüi le rapport du sieur Dodun, conseiller ordinaire au conseil royal, controlleur général des finances, le Roy estant en son conseil a ordonné et ordonne qu'à commencer du jour de la publication du présent arrêt, il ne sera fait aucune nouvelle plantation de vignes dans l'étendue de la généralité de Bordeaux sans une permission expresse de Sa Majesté, à peine de trois mille livres d'amende et de plus grande, s'il échet, contre les propriétaires qui contreviendront à la présente disposition, laquelle permission ne sera néanmoins accordée qu'au préalable le sieur intendant et commissaire départi dans ladite généralité n'aye fait vérifier le terrain pour connaître s'il n'est pas plûtôt propre à autre culture qu'à être planté en vignes. Enjoint Sa Majesté audit sieur intendant et commissaire départi de tenir la main à l'exécution du présent arrêt.

Fait au Conseil d'Etat du Roy, Sa Majesté y étant, tenu à Versailles, le vingt-sept février mil sept cens vingt-cinq.

Signé : PHÉLIPPEAUX.

---

**LETTRE de Dodun à Boucher lui expliquant pourquoi le Conseil d'État n'a pas ordonné l'arrachement des vignes.**

C. 1337.

A Marly, ce 17e mars 1725.

Monsieur,

Les inconvénients qui peuvent résulter du choix des vignes que vous proposez de faire arracher dans votre généralité, ont empêché le Conseil de statuer sur les remontrances qui m'ont été faittes à ce sujet, et j'ai cru qu'il suffisoit de faire rendre l'arrest cy joint pour deffendre les nouvelles plantations, d'autant mieux que, si les anciennes vignes sont onéreuses aux propriétaires, ils se porteront eux-mêmes à les faire défricher, sans y être obligés par des arrêts qui pourroient l'ordonner.

Je suis, Monsieur, votre très humble et très affectionné serviteur.

DODUN.

---

**ORDONNANCE de Boucher au sujet des vignes indûment plantées depuis l'arrêt du Conseil.**

C. 1337.

---

De par le Roy.

Claude Boucher, chevalier, seigneur Desgouttes, Hebecourt, Sainte-Geneviève et autres lieux, conseiller du Roy en ses conseils, conseiller d'honneur au Parlement de Bordeaux, président honoraire en la cour des Aydes de Paris, intendant de justice, police et finances de la généralité de Bordeaux.

Estant informé que, nonobstant les deffenses portées par l'arrêt du Conseil d'Etat du 27 février dernier, de faire aucune nouvelle plantation de vignes dans l'étendue de cette généralité sans une permission expresse de Sa Majesté, à peine de 3000 livres d'amende et de plus grande, s'il y échet, contre les contrevenans, quelques particuliers se sont donnez la licence de planter de nouvelles vignes depuis la publication dudit arrêt du conseil : de quoi voulant avoir connaissance pour leur faire subir la peine qu'ils ont encourue par leur désobéissance et contravention aux volontez de Sa Majesté, nous ordonnons aux maires, consuls, jurats, sindics, collecteurs et habitans des villes, lieux et parroisses de cette généralité de déclarer dans huitaine de la publication de la présente ordonnance à nos subdéléguez les particuliers de leurs parroisses qui se sont ingérés de planter de nouvelles vignes depuis que les deffenses portées par ledit arrêt du Conseil ont été connues, et la quantité de vignes qu'ils ont plantées ; de quoi nous sera rendu compte par nosdits subdéléguez, pour être par nous prononcé les peines portées par ledit arrêt. Et sera la présente ordonnance lue, publiée et affichée dans toutes les villes, lieux et paroisses de cette généralité, afin qu'aucun n'en prétende cause d'ignorance.

Fait à Bordeaux, le 24 avril mil sept cens vingt cinq.

Signé : BOUCHER.

Et plus bas : Par monseigneur : DUPIN.

---

**LETTRE de Boucher à de Gaumont relative à une demande faite par le sieur de Ségur de Boirac pour être autorisé à planter de nouvelles vignes (Analyse).**

C. 1337. Minute.

12 juin 1725.

Le sieur de Ségur de Boirac a demandé au contrôleur général d'être autorisé à « augmenter de trois journaux une nouvelle vigne qu'il planta il y a environ deux ans ». Bien qu'il paraisse que ce qu'il expose est véritable et que le terrain qu'il a fait défricher n'est propre qu'à être planté en vigne, l'intendant est d'avis de ne pas accorder l'autorisation à cause du précédent qu'elle créerait.

---

**LETTRE de Boucher à Dodun, émettant l'avis qu'il ne faudrait permettre de planter des vignes qu'à ceux qui en arracheraient une égale quantité (Analyse).**

C. 1337. Minute.

22 mars 1726.

Il lui renvoie deux demandes adressées par les sieurs Favière, habitant de la juridiction de Vianne, et Bouillon-Dangalin, habitant de la juridiction de Montréal (en Condomois). « Il faudroit obliger tous ceux qui font de pareilles demandes à faire leurs soumissions d'arracher autant de vieilles vignes qu'ils en voudront planter de nouvelles ». Il a accordé plusieurs autorisations sous cette condition. « C'est le sentiment de personnes fort sensées qui conviennent toutes qu'il y a trop de vignes dans la généralité... »

**LETTRE de Boucher à Dodun demandant que seuls ceux qui arrachent de vieilles vignes puissent en planter de nouvelles (Analyse).**

C. 1337. Minute.

27 mai 1726.

Il lui renvoie le placet du sieur de Bazignan de Peyrusca, gentilhomme du Condomois, qui demande la permission de faire planter une vigne dans les friches dont il est propriétaire en la paroisse de Gazaupouy, et renouvelle l'avis qu'il a déjà donné dans sa lettre du 22 mars, « sur lequel vous n'avez pas eu la bonté de me faire savoir vos intentions ».

**LETTRE de Dodun à Boucher lui enjoignant de ne pas laisser planter des vignes où les bois peuvent venir (Analyse).**

C. 1337. Minute.

A Versailles, le 27 may 1726.

Réponse à la lettre de Boucher du 22 mars. « Vous devés vous rendre très difficile pour accorder la permission de planter des vignes dans des terreins où le bois pourra bien venir. La rareté des bois dans vostre généralité vous doit même engager à ne point permettre de planter des vignes dans un terrein inculte, même en offrant d'en arracher une pareille quantité de vieilles, lorsque le terrein que l'on voudra planter pourra estre mis en bois ou en d'autre culture ».

**LETTRE de Boucher à Le Peletier, contrôleur-général, lui demandant s'il maintient les décisions de son prédécesseur sur la plantation des vignes (Analyse).**

C. 1337. Minute.

24 février 1727.

Il rappelle tout ce qui a été fait sous l'administration de Dodun. « Il me paroît par des lettres que vous m'avez fait l'honneur de m'écrire que vous estes importuné par diverses demandes qu'on vous fait à ce sujet, et comme on ne cesse point de me présenter des requestes pour le même fait, j'ay cru devoir vous en rendre compte, afin de savoir si vostre intention est que je fasse exécuter l'arrest du conseil et les décisions portées par la lettre de M. Dodun. Il est certain que, si l'arrest n'est pas exécuté, toute la généralité sera plantée en vigne dans peu d'années. On convient que le raport des vignes, en général, n'est pas un revenu solide, qu'il est souvent à charge et même ruineux pour le propriétaire; cependant tout le monde en veut planter. Je vous suplie de me donner vos ordres à ce sujet auxquels je me conformeray... »

**LETTRE de Le Peletier à Boucher pour lui recommander de tenir plus que jamais la main à l'exécution de l'arrêt de 1725.**

C. 1337.

A Versailles, ce 2 mars 1727.

Monsieur,

J'ay reçu la lettre que vous avez pris la peine de m'écrire au sujet des permissions que plusieurs personnes demandent de planter des vignes dans votre département. Je ne puis me dispenser de vous envoyer les mémoires qui me sont presentéz à se sujet ; mais ce n'est point dans la vue de les accorder. Vous sçavez mesme que le changement de ministres donne assez ordinairement lieu à renouveller les anciennes demandes déjà refusées : ainsi, nonobstant les différents mémoires qui pourront vous être présentez ou que je pourray vous renvoyer dans la suite, vous devez tenir la main plus exactement que jamais à l'exécution de l'arrest du vingt sept février mil sept cens vingt cinq, dont je sens comme vous toute l'importance.

Je suis, Monsieur, votre très humble et très affectionné serviteur.

LE PELETIER.

**NOUVELLE ordonnance de Boucher défendant de planter de la vigne.**

C. 2.

Estant informé que nonobstant les défenses portées par l'arrêt du Conseil d'Etat du 27 février 1725, de faire aucune nouvelle plantation de vignes dans l'étendue de cette généralité sans une permission expresse de Sa Majesté, à peine de trois mille livres d'amende et de plus grande, s'il y échoit, contre les contrevenans, plusieurs particuliers se sont donnez la licence de planter des nouvelles vignes ; de quoi voulant avoir connoissance pour leur faire subir la peine qu'ils ont encourue par leur contravention aux volontez de Sa Majesté, nous aurions ordonné par notre ordonnance du 4 avril 1725, aux maires, consuls, jurats, sindics, collecteurs et habitans des villes et paroisses de cette généralité, de déclarer dans la huitaine à nos subdéléguez les particuliers contrevenans audit arrêt du Conseil ; de quoy lesdits officiers n'ayant tenu compte, quoique nous ayons été instruits qu'il s'est fait de nouvelles plantations de vignes, ce qui mérite de leur part et de celle des contrevenans une juste répréhension, à quoi étant nécessaire de pourvoir, nous ordonnons que ledit arrêt du Conseil d'Etat du 27 février 1725 sera exécuté selon sa forme et teneur, et en conséquence faisons très expresses et itératives défenses à toutes personnes, de quelque qualité et condition qu'ils soient, de faire aucune nouvelle plantation de vignes sans permission de Sa Majesté, sous les peines portées par ledit arrêt. Ordonnons à tous maires, consuls, jurats, sindics et collecteurs des villes, lieux et paroisses de cette généralité, de fournir à nous ou à nos subdéléguez des états des habitans de leurs paroisses qui auront fait des nouvelles plantations de vignes sans permission, depuis la publication dudit arrêt du Conseil, à peine contre lesdits maires, consuls, jurats, sindics et collecteurs de demeurer responsables en leurs noms des peines que les contrevenans auront encourues, et autres peines, s'il y échoit. Enjoignons à nos subdéléguez de tenir la main à l'exécution de la présente ordonnance, et de nous envoyer régulièrement les états qui leur seront fournis. Et afin qu'aucun n'en prétende cause d'ignorence, sera la présente ordonnance lue, publiée et affichée dans l'étendue de ce département.

Fait à Bourdeaux, ce vingt troisieme juin mil sept cens vingt sept.

Signé : BOUCHER.

Et plus bas : Par Monseigneur : DUPIN.[1]

1. Dans la même liasse se trouve une nouvelle ordonnance de Boucher sur le même sujet et dans les mêmes termes, portant la date du 12 décembre 1729.

**LETTRE circulaire de Boucher aux subdélégués de sa généralité, en leur envoyant des ordonnances de condamnation contre les contrevenants à l'arrêt du Conseil du 27 février 1725.**

C. 1337. Minute.

12 septembre 1727.

Je vous envoie, monsieur, des ordonnances que j'ay rendu pour faire arracher des vignes qui ont été plantées contre les défenses faites par l'arrest du Conseil du 27 février 1725. Comme je ne suis pas informé des mesures de vos cantons et de leurs divisions, je n'ay pu remplir dans ces ordonnances les amendes contre les contrevenans, mais je me suis fixé à vingt livres par journal ; et, ainsi, vous n'aurés qu'à remplir le montant de l'amende par proportion. Il faudra que vous en fassiés remetre le montant entre les mains d'une personne sûre ; je verray dans les suites l'employ que je pourray faire de toutes celles qui seront prononcées dans la généralité. Je suis, Monsieur, entièrement à vous [1].

**LETTRES de Boucher opposant une fin de non-recevoir à des démarches d'autorisation de planter (Analyses).**

C. 1337. Minutes.

9 décembre 1727. — Boucher à Le Peletier, à l'occasion d'une demande de M. de Gavaudun, « pour obtenir la permission de faire planter en vignes dix journeaux de terres incultes qu'il a dans sa terre d'Artigues ». L'intendant a posé comme condition qu'il ferait arracher une quantité égale de vieilles vignes. « Il ne m'a fait sur cela aucune réponse. C'est le seul expédient que j'ay trouvé pour arrêter la grande passion qu'on a de planter de nouvelles vignes. Il n'y a pas moyen de faire entendre aux habitans de ce pays cy qu'il n'y en a déjà que trop... Si je ne tenois pas la main à l'exécution de l'arrest du Conseil, il n'y auroit dans dix ans autre chose que des vignes dans cette généralité ».

23 décembre 1727. — Boucher à Le Peletier. Il est d'avis de refuser l'autorisation demandée par le nommé Bosselut, receveur du tabac au bureau de Nontron.

1. Le 4 octobre 1727, Baratet, subdélégué à Villeneuve, accuse réception à Boucher de onze ordonnances de condamnation pour faire arracher des vignes plantées frauduleusement dans la juridiction de Laparade.

« Comme les vignes du Périgord durent moins que celles des autres endroits, à mesure qu'il s'en perd, je permets d'en planter de nouvelles. » Mais le blé est plus nécessaire que le vin, et dans l'élection de Périgueux « il y a trois cantons considérables où l'on n'en recueille point. »

18 juin 1728. — Boucher au garde des sceaux Chauvelin, refusant par les mêmes raisons l'autorisation demandée par M. de Belrieu « de mettre en vignes vingt arpens de terre qui restent encore d'une métairie, scituée dans la parroisse de Creysse, près Bergerac ».

---

**ORDONNANCE de Boucher relative aux attestations dont devront se munir ceux qui sollicitent l'autorisation de planter des vignes.**

C. 1338.

---

De par le Roi, etc..

Le nombre de demandes qui nous sont faites pour obtenir la permission de planter des vignes, sur des attestations des curez, consuls ou sindics des paroisses, portant que les terrains qu'on veut planter étoient ci-devant en vignes, sans marquer dans quel tems les vignes ont été perdues ou abandonnées, nous donnant lieu de juger que plusieurs personnes se prêtent à donner de pareilles attestations, pour faciliter l'obtention des dites permissions, nous avons cru devoir prescrire une forme pour lesdites attestations, afin d'éviter les surprises qui pourraient nous être faites, et de ne donner ces permissions que conformément aux intentions du Roy, pour empêcher une trop grande plantation de vignes, qui dans les suites seroit ruineuse pour cette province. A quoi étant nécessaire de pourvoir, nous ordonnons que ceux qui voudront faire planter de nouvelles vignes, seront tenus de nous rapporter des attestations des officiers de justice des lieux, des maire, consul et jurats, par lesquelles il paroîtra que lesdits officiers, sur la réquisition de ceux qui veulent planter, se sont transportez sur les pièces de terre, dont ils désigneront la situation, la contenance, l'état, et la qualité du terroir ; si c'est une terre labourable, terre en friche, champ froid, terre abandonnée, ou autre dénomination ; si ledit terrain a été dejà planté en vignes, et s'il en reste des vestiges ; et, en ce dernier cas, ils recevront l'affirmation des habitans de la paroisse, en nombre de six au moins, desquels ils prendront le serment pour sçavoir depuis quel tems l'ancienne vigne aura été arrachée ou abandonnée : comme aussi, s'il est de leur connaissance que, lors de l'arrachement ou abandonnement, celui qui demande à planter les a remplacées dans quelqu'autre endroit, pour sur lesdites attestations être par nous donné les permissions qui nous paraîtront convenables.

Ceux qui voudront faire arracher des vignes existantes pour les replanter d'un autre sépage, ou qui voudront changer la nature du terrain en une culture différente, pour mettre en vignes un autre terrain de qualité plus convenable, seront tenus de faire arracher la vigne existante, et de nous en rapporter des attestations en la forme ci-dessus pour obtenir notre permission.

Faisons très-expresses et itératives défenses à toutes sortes de personnes de faire planter de nouvelles vignes, sans avoir obtenu notre permission, à peine de 3.000 livres d'amende. Enjoignons aux maire, consul, jurats, sindics et collecteurs des paroisses, de nous informer, ou nos subdéléguez, des contrevenans, à peine d'en répondre en leurs noms, si par les visites qui seront faites par notre ordre nous apprenons qu'ils ne nous en ont pas donné avis.

Et sera la présente ordonnance lue, publiée et affichée dans toutes les villes, lieux et paroisses de cette généralité, afin qu'aucun n'en prétende cause d'ignorance.

Fait à Bordeaux, ce 22 mars 1730.

Signé : BOUCHER.

Et plus bas :

Par Monseigneur : DUPIN.

**LETTRE de d'Ormesson à Boucher au sujet de la demande d'autorisation de planter faite par le sieur Rigaud.**

C. 1338.

A Paris, ce 25 mai 1730.

Monsieur,

M. le controlleur général, auquel j'ay rendu compte des mesures que vous avés prises pour l'exécution de l'arrest du conseil qui deffend les nouvelles plantations de vignes dans votre généralité, m'a chargé de vous marquer qu'il aprouvoit que le règlement que vous avez fait à ce sujet fut exécuté ; au moyen de quoi l'on ne peut avoir égard à la demande du sieur Rigaud [1], dont le mémoire étoit joint à la lettre que vous m'avez fait l'honneur de m'écrire le 12 du présent mois.

Je suis avec respect, monsieur, votre très humble et très obéissant serviteur.

D'Ormesson.

**ARRÊT du Conseil d'État étendant à tout le royaume la défense de planter des vignes sans autorisation.**

C. 1338.

*Arrest du Conseil d'Etat du Roy, qui ordonne qu'à commencer du jour de la publication il ne sera fait aucune nouvelle plantation de vignes dans les provinces et généralitez du Royaume, et que celles qui auront esté deux ans sans estre cultivés, ne pourront estre restablies sans une permission expresse de Sa Majesté, à peine de trois mille livres d'amende.*

*Du 5 juin 1731.*

*Extrait des Registres du Conseil d'Estat.*

Sur les représentations qui avoient esté faites au Roy depuis longtemps, que la trop grande abondance des plants de vignes dans le

1. Garde du corps.

royaume occupoit une grande quantité de terres propres à porter des grains ou à former des pâturages, causoit la cherté des bois, par rapport à ceux qui sont annuellement nécessaires pour cette espèce de fruits, et multiplioit tellement la quantité des vins qu'ils en détruisoient la valeur et la réputation dans beaucoup d'endroits, il auroit esté rendu différents arrests du Conseil, par lesquels toutes nouvelles plantations de vignes ont esté deffendues sans une permission expresse de Sa Majesté, dans les généralitez de Tours, Bordeaux, Auvergne, Châlons, Montauban et dans la province d'Alsace ; depuis ces deffenses plusieurs des sieurs intendans et commissaires départis dans les autres provinces et generalitez ayant par les mesmes raisons demandé de semblables deffenses, et representé que si l'on ne prenoit pas les mesmes précautions dans les généralitez et provinces voisines, le remède ne procureroit qu'un bien médiocre, parce que dans quelques années les provinces et généralitez de leur département se trouveroient surchagées des vins de celles limitrophes qui ne se trouveroient pas comprises dans les deffenses ; Sa Majesté voulant faire cesser ces nouvelles plantations de vignes et remédier aux inconvénients qui en résultent : vu l'avis des sieurs intendans et commissaires départis dans les provinces et généralitez du Royaume, ouy le rapport du sieur Orry, conseiller d'Estat et au conseil royal, controlleur général des finances, le Roi en son conseil a ordonné qu'à commencer du jour de la publication du présent arrest, il ne sera fait aucune nouvelle plantation de vignes dans l'estendue des provinces et généralitez du royaume, et que celles qui auront esté deux ans sans estre cultivées, ne pourront estre restablies sans une permission expresse de Sa Majesté, à peine de trois mille livres d'amende, et de plus grande, s'il y écheoit, contre les propriétaires et tous autres particuliers qui contreviendront à la présente disposition ; laquelle permission ne sera néantmoins accordée qu'au préalable le sieur intendant et commissaire departi dans la province ou généralité n'ait fait vérifier le terrain, pour connoistre s'il n'est pas plustost propre à autre culture qu'à estre planté en vignes. Ordonne en outre Sa Majesté aux syndics de chaque parroisse de veiller aux contraventions qui pourroient estre faites à l'exécution du present arrest, et de dénoncer ausdits sieurs intendans les contrevenans, à peine de deux cens livres d'amende pour chacune des contraventions qui seront découvertes, dont ils n'auront pas donné avis. Enjoint ausdits sieurs intendans et commissaires départis dans les provinces et généralitez du royaume de tenir la main à l'exécution dudit arrest.

Fait au Conseil d'Estat du Roy, tenu à Fontainebleau le cinq juin mil sept cens trente-un. Collationné.

Signé : DE VOUGNY.

---

**AFFAIRE Verniolle père et fils ; condamnation à l'arrachement de leur vigne et à une amende de 3.000 livres ; modération de cette amende à 100 livres (Analyses).**

C. 1338. Originaux.

---

Pour vérifier les plantations de vignes faites à Trémolat par les sieurs Verniolle père et fils, Boucher avait commis le sieur Verdesme, juge à Lalinde et le sieur Gontier du Soulas, juge de Saint-Alvère. En présence de procès verbaux contradictoires, il nomme, dans la suite, le sieur de Senaillac, conseiller secrétaire du Roy. Celui-ci établit que la moitié des vignes a été plantée depuis sept à huit ans et l'autre moitié depuis moins de trois ans, et que les fonds appartenant à Verniolle père et fils sont propres à produire du blé. Boucher ordonne alors (31 janvier 1732) que la partie de la vigne récemment plantée sera arrachée, condamne Verniolle père et fils, solidairement, à 3.000 livres d'amende, et charge le sieur Verdesme de tenir la main à l'exécution de l'ordonnance, qui est signifiée le 13 février 1732.

Comme Boucher a fait quelques observations au sieur Gontier du Soulas au sujet de son procès verbal, celui-ci, par lettre du 13 février 1732, se défend d'avoir prévariqué. Il a été commis pour verbaliser uniquement sur la vigne de Pierre Verniolle, notaire à Trémolat ; il constata que cette vigne avait neuf ans d'âge et que le fonds « n'était pas de qualité à produire beaucoup de bled à cause de l'herbe appellée *queue de renard* qui y croist annuelement. » Il n'avait donc pas à s'occuper de la vigne contiguë, appartenant à Gabriel Verniolle, plantée depuis moins de temps. « J'ose vous affirmer, écrit-il à Boucher, que celluy qui a verbalisé après moi a prévariqué luy-même, ou n'a pas compris l'estendue de sa mission. »

Dans le cours de février 1732, Gabriel Verniolle supplie Boucher de le décharger de l'amende. Il a planté sans connaître les défenses, et après l'avoir vu faire par des voisins dans de meilleurs fonds que le sien. Il vient d'arracher sa vigne qui aurait été son plus grand secours pour subsister. Son bien vendu, il ne pourra payer que le quart de l'amende et sera réduit à la mendicité.

A la même époque (février 1732), Pierre Verniolle supplie Boucher de le décharger du paiement solidaire des 3.000 livres. Les vignes plantées depuis trois ans ne sont pas à lui : elles appartiennent en propre à son père. Le juge Soulas, homme sans reproche, a établi la vérité. Le juge Verdesme, ennemi du suppliant, a dressé son procès-verbal sans entendre de témoins ; il cite le dire de deux paysans qui sont prêts à attester le contraire. Le sieur Senaillac, qui est à la dévotion des dénonciateurs, comme le sieur Verdesme, a fait un procès-verbal inique. Le suppliant avait fait venir devant lui vingt personnes de Trémolat pour affirmer que les vignes plantées depuis moins de trois ans appartenaient à son père ; Senaillac n'a voulu écouter que les dépositions de trois de ses ennemis (il a eu un procès avec l'un d'eux) qui affirment que le suppliant avait fait planter avec son père ladite pièce en 1728.

Le 29 février et le 1er mars, procès-verbal du sieur Verdesme qui, à cette dernière date, commande dix-sept paysans pour arracher la partie de la vigne que le sieur Gabriel Verniolle avait coupée entre deux terres. Le salaire de ces gens coûta 13 l. 10 s., celui de l'huissier, 6 l., les honoraires du commissaire et greffier 9 l. 18 s. Total 29 l. 8 s.

En mars, nouvelle requête de Gabriel Verniolle, par laquelle il demande à Boucher d'être déchargé du paiement des frais faits par le sieur Verdesme, dont il démontre l'inutilité, puisque sa vigne était arrachée et labourée.

Le 6 mai 1732, Boucher rend l'ordonnance suivante : « . . . Sans avoir égard auxdites requestes,... notre ordonnance du 31 janvier dernier sera exécutée, et néantmoins, par grâce et sans tirer à conséquence, avons modéré l'amende de 3.000 livres à la somme de 100 livres, au payement de laquelle, ensemble de celle de 29 livres, 8 sols, à laquelle nous avons réglé les frais divers de l'arrachement de la vigne, lesdits Gabriel et Pierre Verniolle, père et fils, seront solidaiment contraints par voyes et par corps ».

---

**LETTRE d'Orry, contrôleur général à Boucher, au sujet des plantations de vignes qu'on continue à faire malgré la volonté du Roi.**

C. 1338.

A Compiègne, ce 9 may 1732.

Monsieur,

J'ai été informé que, nonobstant les deffenses qui ont été faites par l'arrest du Conseil du 27 février 1725, de faire aucune plantation de vignes ou de rétablir celles qui ont resté pendant deux ans sans être cultivées, l'on a fait dans plusieurs endroits des nouvelles plantations sans avoir obtenu de permission, ce qui est une contravention manifeste à l'arrest du 27 février, qui ne doit pas être tolérée et encore moins autorisée par l'impunité de ceux qui ont contrevenu aux deffenses ; et comme l'intention du Roy est que cet arrest soit exécuté sans exception, il convient que vous fassiez vériffier exactement s'il est vray qu'il ait été fait dans votre généralité des plantations contre la disposition de cet arrest, et que vous condamniez aux amendes fixées par cet arrest tous ceux qui se trouveront dans le cas, même les sindics des parroisses où les plantations auront été faites, pour n'en avoir pas donné avis, ainsy qu'ils y sont obligés par l'arrest du 5 juin 1731, qui a fait la deffense générale. Et pour parvenir plus facilement à connoistre ceux qui auront contrevenu aux deffenses, vous pouvés promettre à ceux qui les découvriront la moitié des amendes qui seront prononcées.

Je suis, monsieur, votre très humble et très affectionné serviteur.

ORRY [1].

---

**LETTRE circulaire de Boucher aux subdélégués de la généralité leur enjoignant de tenir la main à l'exécution de l'arrêt du 5 juin 1731.**

C. 1338. Minute.

A Bordeaux, ce 22 may 1732.

Pour les subdéléguez.

Je vous envoye, monsieur, des exemplaires d'un arrest du Conseil du 5 juin 1731, qui ordonne qu'à commencer du jour de la publication, il ne sera fait aucune nouvelle plantation de vignes dans les provinces et généralités du Royaume, et que celles qui auront esté deux ans sans estre cultivées, ne pourront estre rétablies sans une permission expresse de Sa Majesté, à peine de 3000 livres d'amende. Cet arrest et l'ordonnance que j'ay rendue au pied ordonnent aussi aux

1. 23 mai 1732. Lettre de Boucher à Orry lui accusant réception de sa lettre du 9 et l'assurant qu'il tiendra la main à l'exécution de l'arrêt du 5 juin 1731.

maires, consuls, sindics et collecteurs de chaque paroisse de veiller aux contraventions qui pourroient estre faites ou qui l'ont été par le passé, et de dénoncer les contrevenans à peine de 200 livres d'amende pour chacune des contraventions qui seront découvertes, dont ils n'auront pas donnés avis. Vous sentés de quelle conséquence il est que vous preniés la peine de faire publier et afficher exactement cet arrest dans toutes les villes, bourgs, lieux et parroisses de votre subdélégation, afin que personne n'en ignore la teneur, et que les maires, consuls, sindics et collecteurs veillent avec toute l'attention possible aux contraventions qui pourroient y estre faites, et qu'ils dénoncent les contrevenans. Je vous prie aussi de tenir exactement la main à l'exécution des dispositions de cet arrest et de m'informer des contrevenans dont on pourra vous donner des avis. Je suis, monsieur, entièrement à vous.

---

**LETTRE d'Orry à Boucher attirant son attention sur des permissions de planter que donneraient, à son insu, les bureaux de l'Intendance.**

C. 1338.

Paris, ce 27 juillet 1732.

Monsieur,

Je reçois une lettre par laquelle on me marque que, depuis les deffenses qui ont été faittes l'année dernière de planter des vignes, il en a été planté plus de six mille arpens dans votre généralité, et même dans des terrains qui auroient été très propres pour d'autres cultures. On me cite dans cette lettre le sieur Pontet, vostre subdélégué, que l'on prétend avoir fait un plan capable de produire 300 tonneaux dans le palu de la Souix, qui est un fonds propre aux prairies et à produire du froment. On me marque aussy que M. Constantin, conseiller au Parlement, en a planté considérablement, et que le nommé Blanc en a aussi planté dans une métairie qui raportoit souvent plus de 175 boisseaux de froment. On ajoute même qu'il y a de l'abus sur les permissions qui se délivrent dans vos bureaux pour ces sortes de plants, et qu'il s'en obtient assez souvent pour quelqu'argent. Je ne doute pas que les faits ne soient fort exagérez dans cette lettre ; je vous prie, cependant, de les vérifier et, en cas que vous découvriez quelque contravention, de prononcer les condamnations conformément à la déclaration rendue à ce sujet.

Je suis, monsieur, votre très humble et très affectionné serviteur.

ORRY.

---

**LETTRE de Boucher à Orry sur la manière dont il a fait exécuter les arrêts (Analyse).**

C. 1338. Minute originale.

---

4 août 1742.

Il a reçu la lettre qu' Orry lui a fait l'honneur de lui écrire le 27 du mois passé. Quoiqu'il doute de la vérité des faits concernant le sieur Pontet, M. Constantin et le nommé Blanc, il les fera vérifier. Il ne peut parler que des faits antérieurs à la publication de l'arrêt du 5 juin 1731, qui n'a été connu dans cette généralité qu'au mois de mai dernier, date de sa réception. A la vérité, il ne lui a pas été possible de faire exécuter à la lettre l'arrêt de 1725, parce que les provinces voisines pouvant planter, cette généralité, dont le principal revenu est le vin, aurait trop eu à souffrir : « Du reste, quelques deffenses que j'eusse pu faire, je n'aurais sceu empêcher de planter ». Voici les règles qu'il s'était faites : « Il fallait me justifier d'avoir fait arracher pareille quantité de vieilles vignes et me raporter des procès verbaux des officiers de justice qui se portoient sur les lieux pour vérifier la qualité et la quantité de terrain en présence de six témoins. Depuis l'arrest qui deffend de planter des vignes qui ont été deux ans sans culture, je suis moins importuné. On a pu me tromper, en me rapportant des procès verbaux qui n'étoient pas sincères; mais la contravention ne sauroit avoir été portée aussi loin qu'on vous l'a marqué. D'ailleurs, la plupart des propriétaires vendant mal leurs vins, sont peu excités à planter de nouvelles vignes. Tout le monde convient qu'il y en a déjà une trop grande quantité. »

---

**LETTRE de Pontet, subdélégué en Médoc, à Boucher, relative aux plantations de vignes qu'il a faites (Extraits).**

C. 1338. Original.

A Saint-Laurent, 12 août 1732.

. . . Il y a lieu de croire que c'est monsieur Nanot, qui est coutumié d'écrire et de faire écrire en cour ; car, mal à propos, il a du résentiment contre moy, jusques à né pas mé regardér ni rendre le sallut. Despuis la commission que vous mé fittes faire pour lé chemin dé Bordeaux a Soullaq, il croit que je vous ay prié d'obtenir un arrêt du Conseil pour faire cé chémin. . . . .

M. Nanot a aussi du bien dans la palus de La Souis. . . . .

Je souméts ma teste a coupér, si on trouve qué j'aye et possède un poulce dé pas une nature dé fonds dans la pallu de La Souis . . . .

A la verité, l'année derniere, je planta ; j'ey dans ce pais de Médoc un térrain qui estoit inculte, qué je fis defricher pour le mettre en vigne et y faire trois thonneaux de vin, et j'ay creu pouvoir lé faire. sur la pérmission que vous avéz eu la bonté de m'accordér, dattée du 19 décembre 1725, d'arrachés des vignes que j'avois au loing, paroisse Saint-Jullien, pour en plantér autant dans celle de Saint-Laurens, parce que l'arachement que j'ay fait estoit un fonds plus propre pour le bled ; et n'ayant pas planté autant de térrain que contient celluy que j'ay fait arrachér la vigne, j'ai donc creu, dis-je, pouvoir plantér l'année dernière à faire trois thonneaux de vin.

Conformement à la permission que j'avois, j'ay planté déspuis cinq ans, mais lé fonds estoit dés landes incultes, qui né produisoit rien, que je faisois deffricher, et partie dés vieilles vignes ruineis que j'ay recomplanté dans un terrain sy ingrat que je crains estre forçé à l'abandonnér et lé laissér en friche, la vigne ny voullant presque point y venir. . . . .

Signé : Pontet.

**LETTRE de Boucher à Orry au sujet des plantations du subdélégué Pontet.**

C. 1338. Minute originale.

25 août 1732.

M. le contrôleur général,

En attendant que je puisse vous rendre un compte exact de la plantation des vignes qu'on vous a mandé avoir été faites dans la palud de la Souys contre les deffenses qui en ont été faites, je dois vous instruire de ce qui concerne le sieur Pontet, mon subdélégué de Médoc, qu'on vous avoit marqué avoir fait planter dans cette paluds. L'avis, à son égard, est très faux, car il n'a point de fonds d'aucune nature dans cette paluds. Il a une maison et des vignes dans une paluds qui est au bout du faubourg des Chartrons de cette ville, et je puis vous certifier, pour le sçavoir, que bien loin d'avoir planté de nouvelles vignes dans cet endroit, il a fait arracher une partie des anciennes qui y étoient pour agrandir le jardin et pour bâtir une aisle dont il a augmenté sa maison, faire des écuries et former une basse cour.

Il y a environ deux ans qu'il fit arracher dans la paroisse de Saint-Julien, en Médoc, environ trois journaux de vignes de mauvaise espèce, et il en fit planter une pareille quantité dans la paroisse de Saint-Laurent, du même païs, dans une lande qu'il avoit fait défricher pour faire cette plantation ; il ne fit ce remplacement qu'apres en avoir obtenu la permission. On s'est bien donné garde de vous mander qu'il a fait défricher en ce païs là beaucoup de landes incultes, dont il a fait des terres labourables.

Il soupçonne, et c'est peut-être avec raison, que l'avis vous a été donné par un conseiller de ce Parlement, lequel est devenu son ennemi depuis que ce subdélégué a exécuté une commission que je lui avois donné, au sujet d'un chemin qui formoit une vive contestation entre cet officier et un autre conseiller au Parlement, nommé M. Brassier. Cette contestation a été décidée par un arrest du Conseil rendu sur une enquête que je fis faire moi-même sur les lieux, en exécution duquel arrest j'ay fait faire un chemin royal en ce païs là. Comme cet officier a été très fâché d'avoir succombé dans cette affaire contre son collègue, il s'en est pris à mon subdélégué et a fait dans ce païs là des recherches fort inutiles pour avoir matière à fournir des mémoires contre lui. Ce subdélégué est un fort honnête homme et auquel on ne peut rien reprocher. J'ay l'honneur de vous faire ce détail, afin que vous soyés prévenu contre les mémoires qu'on pourroit vous escrire contre luy, lesquels ne peuvent venir que de la personne que je vous désigne. J'ay l'honneur d'estre avec respect...

---

**LETTRE de Boucher à Orry, relative aux plantations faites par M. Constantin, conseiller au Parlement de Bordeaux.**

C. 1338. Minute originale.

8 septembre 1732.

J'ai fait vériffier si M. Constantin, conseiller au Parlement de cette ville, et le nommé Blanc avoient fait planter des vignes depuis l'année derniere dans la paluds de La Souys, comme on vous l'a mandé. Il m'a été raporté qu'ils n'avoient aucun fonds dans la paroisse dont dépend cette paluds. Mais comme M. Constantin a beaucoup de bien dans la paluds de Bouliac, voisine de l'autre, on a apris que dans une terre labourable, en bon fonds, il fit planter deux journaux de vigne il y a environ sept ans, et deux autres journaux il y a six ans. L'époque de cette plantation est à peu près la même que celle des premières deffenses portées par l'arrest du 27 février 1725. J'attendrai à ce sujet les ordres qu'il vous plaira me donner.

J'ay l'honneur d'être avec respect, etc...

---

**MÉMOIRE anonyme sur le commerce, où l'auteur dit que le remède à la surproduction ne se trouve pas dans l'arrachement des vignes (Extrait).**

C. 1639.

1733.

On a remarqué souvant qu'il y avoit trop de vins dans le païs bourdelois ; et cependant il y a des années où ils se consoment pour le dehors, et la consomation du païs sufit l'année d'après, s'il en reste, pour qu'ils soient moins à charge ; et à présent le débit dans le païs est plus considérable qu'autrefois, et on ne sçauroit remédier à cet inconvénient mesme arrachant des vignes, parce que, quoi qu'on les arrachât dans tout le royaume, celles du païs étranger subsisteroient, et les étrangers qui prennent nos vins les laisseroient, s'ils estoient chers, en sorte qu'on ne gagneroit rien en diminuant la quantité...

La consommation dans l'étranger est médiocre, parce qu'il se trouve des vins chez des nations qui prennent en trocq les marchandises que nous ne recevons pas.

*Au dos* : Envoyé à M. Bellet, chanoine de Cadillac.

---

**MÉMOIRE sur le commerce et les denrées par l'abbé Bellet (Extrait).**

C. 1639.

1733.

On a dit souvent qu'il y avait trop de vins dans la province, et on le sent bien par le bas prix où il est : car ce n'est pas le défaut de consommation qui le fait baisser, puisqu'il s'y consomme plus de vin qu'auparavant, ou qu'estant égale, il y reste plus de vin qu'on n'en peut consommer. Le défaut de consommation vient donc de la plus grande quantité de vins qu'il n'y en avait avant qu'on ne plantât tant de vignes. Les plantations faites depuis 1709 égalent toutes celles qui étaient faites auparavent. On a esté excité à planter parce que les vins ont esté pendant quelque temps un revenu solide. Aujourd'huy les récoltes abondantes se touchent de trop près, et la trop grande quantité fait baisser le prix de la denrée. Ainsi un tiers moins de vignes rendrait la province riche, au lieu que ce tiers de trop la ruine.

Il ne faut pas craindre que l'étranger abandonne les vins bordelais : 1° parce qu'ils sont de la qualité la plus estimée chez luy ; 2° parce qu'il en retire des droits pour l'État ; 3° parce qu'il travaille avec ces vins, et fait travailler beaucoup d'artisans ; 4° parce que ses vaisseaux gagnent par le fret ; car le fret, à une pistole par tonneau, produit cinquante mille pistoles, soit pour cinquante mille tonneaux, cinq cens mille livres. . .

Au reste, la consommation des vins bordelais n'est pas moindre chez l'étranger qu'auparavant, puisqu'on y envoye plus de vins qu'on-n'en envoyoit avant vingt ans. Il en prendroit peut-être plus, si on luy permettoit en France l'entrée de ses manufactures et des marchandises.

---

**PLANTATIONS de vignes faites sans autorisation à Montignac-le-Comte (Analyse).**

C. 1338.

2 juin 1734. — Lettre d'Orry à Boucher le priant de vérifier s'il est vrai, comme l'affirme la dame Milon de Feytis, que l'on ait fait des plantations étendues à Montignac-le-Comte, élection de Sarlat.

23 août 1734. — Lettre de Boucher à Orry, en réponse à la précédente. Il n'y a rien de vrai dans l'affirmation de la dame Milon de Feytis. Elle ne pourrait viser que le sieur de la Brousse du Roc, bourgeois de Montignac, qui a planté quelques arpents, mais en vertu d'une permission qu'il obtint en février 1731 et qui n'a point été révoquée.

---

**LETTRE de Boucher à d'Ormesson relative à la concurrence que les vins de Bergerac font à ceux de Langon (Extrait).**

C. 1388. Minute.

11 septembre 1734.

. . . « Il faut être fort en garde sur pareilles demandes du costé de Bergerac. On a beaucoup planté de vignes dans ce canton, d'où l'on portoit autrefois beaucoup de grains à Bordeaux. Les vins de ce canton-là se sont tellement accrédités en Hollande par les correspondants des religionaires, qu'ils ont fait tomber entièrement les vins blancs de Langon, où étoient les crus les plus considérables et de plus grandes réputations pour les vins blancs.

**LETTRE de Boucher à Orry sur l'état des vignes en Périgord et les autorisations de planter qu'il juge opportun d'accorder.**

C. 1338. Minute.

6 octobre 1734.

Monsieur le contrôleur général,

Dans le séjour que j'ai fait à Périgueux, il m'a été fait des représentations sur le préjudice que causeroit les deffenses de planter des vignes, si elles étoient exécutées à la rigueur. Plusieurs personnes m'ont demandé permission de planter, afin d'avoir du vin pour leur provision, dans des terrains incultes et où il ne peut venir autre chose que la vigne. Ces représentations m'ont donné lieu de m'informer plus particulièrement de la quantité de vignes qu'il y a dans le Périgord, et de l'usage qu'on fait du vin qui excède la consommation. J'ay apris que, dans toutes les parroisses qui sont sur la lisière du Limousin, il y a beaucoup de vignes, et que les habitans de ces parroisses envoient ce qui excède la consommation dans le Limousin. Dans la partie de l'élection qu'on apelle la Double, et dans les parroisses qui sont sur les bords de la Lizone qui voisinent la Saintonge et l'Angoumois, il y a aussi des vignes, et on y fait des eaux-de-vie qu'on fait decendre par voitures et par la rivière de la Dronne' à Libourne sur la Dordogne, où l'on les embarque pour la Holande et autres pays étrangers. A Bergerac et dans tous le pays qui est sur les bords de la Dordogne, il y a beaucoup de vignobles et il s'y fait autant de vin par proportion que dans le Bordelois. Dans tous ces cantons que je viens de désigner, les deffenses de planter doivent subsister, et on ne peut trop y tenir la main, à l'exception des cas où l'arrêt du Conseil permet de planter pour réparer des vignes qui existent ou pour changer l'ordre et l'espèce du plan. Mais ce qui m'engage d'avoir l'honneur de vous escrire regarde l'intérieur du pays, où chacun ne fait du vin que pour sa provision, parce que, si l'on en faisait une plus grande quantité, on ne saurait qu'en faire et il seroit à charge. Cette partie du pays est pleine de montagnes qu'on apelle des terriers ; c'est une terre blanche qui ne produit ni herbe, ni bois. C'est sur ces terriers qu'on plante la vigne. Elle ne dure que quinze ou vingt ans. Il seroit difficile qu'elle durât plus longtemps, parce que, ces terriers étant fort escarpés, la pluye ravine et dégrade beaucoup la vigne. Ainsi, quand elle commence à manquer, on l'abandonne et on plante d'un autre côté. Voilà quel est l'usage du païs. J'ai veu, dans la traversée que j'ay fait pour venir de Périgueux en cette ville, le pays apellé le Paréage, où il n'y a que des châtainiers, plusieurs vignes abandonnées sur des terriers qui ne produisent plus rien ; si l'on ne les renouvelle, ceux à qui elles appartiennent n'auront point de vin. Le peu de durée de ces vignes, la justice qu'il y a d'en laisser planter à ceux qui n'en ont point, la difficulté qu'il y auroit de sortir du vin de ce pays-là, me font juger qu'il y auroit lieu de ne pas tenir rigueur sur les deffenses dans l'intérieur du pays, et de permettre aux habitans de planter la quantité de vignes qui leur seroient nécessaires pour avoir une quantité sufisante de vin pour leur consommation. Je ne serois pas d'avis pour cela d'en donner la permission par un arrêt ni par une ordonnance qui seroit rendue publique, parce qu'on pourroit en abuser ; mais j'estimerois qu'on pourroit donner des permissions particulières pour replanter, dans des fonds qui ont été cy-devant en vignes, ou dans d'autres terres incultes à toute autre culture, la quantité de vignes nécessaire pour le besoin de ceux qui n'auroient pas de vignes ou qui n'en auroient pas suffisament, en prenant les précautions nécessaires pour n'être pas trompé. J'attendray sur cela que vous vouliés bien me faire connoitre vos intentions. J'ay l'honneur d'être. . .

---

**LETTRE d'Orry à Boucher au sujet des autorisations de planter des vignes à accorder en Périgord (Extrait).**

C. 1338.

Fontainebleau, 25 octobre 1734.

Monsieur,

J'ai reçu la lettre que vous avez pris la peine de m'écrire, le 6 de ce mois, au sujet de la plantation des vignes en Périgord..... Sur la représentation que vous faites pour ce qui regarde le canton du Paréage, vous pouvés accorder la permission de planter dans les cas où vous le jugerés absolument nécessaire pour la consommation des habitans, et vous pouvés donner pour cela des permissions provisoires ; mais elles doivent être par écrit, limiter la situation, la quantité du terrain qui sera planté et le temps de la plantation ; et lorsque vous aurés accordé un certain nombre de ces permissions, vous pourrés m'en adresser un état, qui contiendra les noms des particuliers, la datte des ordonnances que vous aurés rendues, la quantité et la situation du terrain qui aura dû être planté, et je ferai autoriser ces permissions par un arrêt du Conseil dont vous m'envoyerés le projet. Je suis...

ORRY.

---

**LETTRE de Boucher à Orry, protestant contre les reproches de complaisance adressés à ses bureaux et contre les accusations dont est l'objet le subdélégué Pontet.**

C. 1339. Minute.

---

4 avril 1738.

Monsieur le contrôleur général,

J'ay l'honneur de vous renvoier la lettre qui vous a été écrite de Bordeaux, sous le nom d'un nommé Silliane, au sujet des contraventions formelles qui se commettent actuellement aux dispositions des arrests du Conseil du 27 février 1725 et 5 juin 1731, qui ont deffendu toutes nouvelles plantations de vignes et le renouvellement de celles qui seroient restées sans culture pendant deux ans. Cette lettre est d'une écriture contrefaite et la signature en est suposée, car je n'ay pu découvrir personne de ce nom dans cette ville. Elle contient quelque chose de vray, et le reste n'est que suposition et fausseté hasardée. Ce qu'il y a de vray est que, dès l'année 1718 ou 1719, il se fit une quantité extraordinaire de vignes dans tout le Médoc, dans les Graves et dans tout le Bourdelois, ce qui se communiqua du côté de Bergerac. C'est ce qui m'obligea de demander le premier arrest en 1725, lequel n'arresta pas le goût qu'on avoit de planter des vignes, car l'on continua tant qu'on put, quelques ordonnances que j'aye pu rendre pour l'empescher. L'exemple des provinces voisines contribua beaucoup à cela, parce que, dans le temps qu'il étoit deffendu d'en planter en ce païs-cy, la deffense n'avoit pas lieu dans les autres provinces où l'on plantoit extraordinairement. Lorsque l'arrest de 1731 fut rendu, le mal étoit fait ; et, depuis ce temps-là, il s'est fait très peu de plantations, si ce n'est des vignes qu'on a renouvellé ou changé.

Quand à ce qu'il est dit dans cette lettre, qu'on obtient dans mon bureau autant de permission qu'on veut, c'est un fait très faux, et la preuve du contraire résulte des ordonnances générales que j'ay rendu en 1725, 1727, 1729 et 1731, dont j'ai l'honneur de vous envoyer des exemplaires, pour faire connoitre que je me suis oposé de toutes mes forces aux nouvelles plantations, jusqu'à promettre la moitié des amendes aux dénonciateurs des contrevenants. Mais aucun n'a pas cru me devoir faire de dénonciation, tant le concert étoit grand entre tous les habitans de la généralité. La quantité de lettres que vous m'avés fait l'honneur de m'écrire sur les demandes de plusieurs particuliers qui vouloient avoir permission de planter, et les réponses que j'y ay faites pour m'y oposer, sont un suplément de preuve qui fait voir de plus en plus la fausseté de ce qui vous a été écrit à cet égard.

Voicy comment j'en ay usé depuis l'arrest de 1731 qui a renouvellé les défenses. En premier lieu, j'ay toujours refusé et je refuse constamment les nouvelles plantations, non seulement pour le Bourdelois, mais pour tous les autres païs qui composent la généralité. Je ne voudrois pas affirmer qu'après les refus il ne se trouve des contrevenans ; mais pour pouvoir les punir en faisant arracher les vignes et les condamner à l'amende, il faudroit avoir des dénonciations, et c'est ce qu'on n'aura jamais. Cependant, je ne crois pas que le nombre en soit grand, parce que, si on vouloit contrevenir impunément, on ne demanderoit pas de permission ; ce qui me le fait juger, c'est qu'on m'en demande pour des cas où l'on pourroit s'en dispenser. Par exemple, l'arrest de 1731 deffend de replanter les vignes qu'on aura laissé pendant deux ans sans culture, d'où il suit que tout particulier qui a fait arracher une vigne pour en changer l'ordre ou l'espèce, ou la replanter de nouveau, peut le faire pendant deux ans, et il n'a besoin que de la permission portée par l'arrest du Conseil. Cependant personne ne plante, dans ce cas, sans demander permission par écrit ; et je ne la donne que lorsqu'on me raporte un procès-verbal des officiers de justice, par lequel il paroît qu'on s'est porté sur les lieux, qu'on a vériffié le terrain et que les habitans de l'endroit affirment par serment que le terrain dont il s'agit étoit en vigne, qu'elle a été arrachée depuis deux ans, et qu'alors elle étoit en culture et en production. Ce sont toutes les précautions qu'on peut prendre pour s'assurer du fait. Ce sont les seules permissions que je donne, parce qu'elles ne sont pas contraires à l'arrest du Conseil et qu'on pourroit se dispenser de me les demander.

Pareilles demandes viennent très peu du Bourdelois ; il ne m'en vient point des élections d'Agen et de Condom, et je n'en reçois que du Périgord, parce que les vignes n'y durent pas davantage de douze à treize ans, et comme le vin qui s'y recueille n'est pas transporté ailleurs, on ne plante en ce païs là que pour avoir la provision. J'ay refusé, depuis longtemps, toutes sortes de permission à Bergerac et dans les parroisses voisines, pour deux raisons : 1° les vins de ce païs descendent à Bordeaux ; 2° je m'étois aperçu qu'on me trompoit par la manière dont on dressoit les procès-verbaux. Aussy je refuse toute demande de ce canton-là.

A l'égard dudit Pontet, mon subdélégué en Médoc, c'est la seconde fois qu'on vous a porté des plaintes des vignes qu'il auroit planté. Vous me fîtes l'honneur de m'en écrire il y a quelques années, et il prouva qu'il avoit fait arracher une plus grande quantité de vignes qu'il n'en avoit fait planter. Quant à la dernière vigne qu'il a fait planter derrière une maison qu'il a au bout du fauxbourg des Chartrons de cette ville, je puis vous en rendre un compte exact, parce que, sur l'avis qu'il m'en avoit donné, j'y envoyay, et je m'y rendis ensuite moy même, pour voir si la chose était véritable. Le sieur Pontet ayant fait rebâtir la maison et l'ayant agrandie, ainsy que le jardin qui étoit fort petit, il a été obligé de faire arracher une partie des vignes qui entouroient la maison et le jardin. C'est cette quantité arrachée qu'il a remplacé dans un pred qui étoit au bout des vignes. C'est ce que j'ay vu de mes yeux. Il y a une aparence que l'auteur de la lettre est un ennemy caché, qui a cherché à se venger du subdélégué. J'ai l'honneur...

---

**LETTRE de d'Ormesson à Boucher lui défendant d'autoriser aucune nouvelle plantation de vignes dans l'élection de Bordeaux.**

C. 1339.

A Paris, ce 18 avril 1738.

Monsieur,

J'ay reçeu la lettre que vous m'avés fait l'honneur de m'écrire le 7 de ce mois, par laquelle vous estimés que la demande du sieur Le Grix, pour qu'il luy soit permis de planter des vignes dans son domaine d'Ambez, est favorable à cause des circonstances où se trouve ce bien qu'il a acquis par décret. Sur le compte que j'ay rendu à M. le controlleur général, il a décidé qu'il ne faut accorder aucune nouvelle plantation de vignes dans l'élection de Bordeaux, en quelque cas que ce soit. Je suis avec respect, Monsieur, etc.

D'Ormesson.

---

**DÉNONCIATION adressée à Boucher par François Gergerès, curé de Cabara, contre le sieur Boulerne, et signification audit Boulerne d'une ordonnance de Boucher.**

C. 1339.

1738; — 21 juillet 1738 ; — 11 janvier 1739.

A monseigneur de Boucher, intendant en la généralité de Bordeaux, François Gergerès, curé et vicaire perpétuel de la paroisse d'Incabara, comté de Blaignac, en Bazadois, disant qu'en mil sept cens vingt un, il feut passé une transaction entre François Germain, curé de ladite parroisse et dom Pierre Gautier, religieux bénédictin, fondé de procuration et faisant pour André Philip, prieur de Viraseil et de Cabara. Il feut convenu entre les parties que ledit curé prendroit pour suplément, et pour parfaire les cens écus, le quart des grains qui se cuilleroient dans ladite parroisse, et ne pourroit prétendre et mesme renonceroit au vin. Et comme cette paroisse est le long de la rivière et dans un bon fonds, et que plusieurs particuliers, depuis la transaction passée, plantent continuellement et ont planté en vigne, sans permission et malgré la déclaration du Roy, environ cinquante journeaux de terre quy auparavant produisaient beaucoup de froment et de sègle, et cela causant un préjudice notable au suppliant, quy dans les suittes le metteroit hors d'estat de pouvoir servir la parroisse, il a recours, monseigneur, à Vostre Grandeur pour qu'il vous plaise ordonner que Louis Boulerne, habitant de Cabara, arrache ou fasse déplanter un journal de vigne qu'il planta sans permission, l'année passée, dans un bon fonds et au milieu d'une pièce très considérable et où les. . .sont très beaux; ce quy faira changer de sentimens plusieurs particuliers quy le confrontent et quy sont à mesme de planter. Le suppliant cherche la paix et la voye la plus douce. Ce considéré, monseigneur, il plaise à Vostre Grandeur faire droit à la demande du suppliant, quy priera Dieu pour la prospérité et santé de Vostre Grandeur.

Signé : Gergerès, curé de Cabara.

[Au bas de cette requête, on lit :]

Nous ordonnons que dans huittaine le nommé Louis Boulerne sera teneu de nous raporter la permission qu'il a obtenu pour planter en vigne le journal de terre dont est question.

Faict, à Bordeaux, le vingt-un juillet mil sept cens trente huit.

Signé : Boucher.

[Et plus bas, se trouve la signification suivante :]

Le onzième jour du mois de janvier 1739, à la requette de M. François Gergerès, docteur en théologie, prestre, curé et vicaire perpétuel de la paroisse d'Incabara, y habitant, comté de Blaignac, nous,

Thomas Ducasse, sergent royal, signifions la requête et ordonnance de monseigneur l'Intendant de la générallité de Bordeaux... à Louis Boulerne...[1]

**CONDAMNATION de plusieurs habitants de Cabara pour plantation de vignes (Analyse).**

C. 1339.

16 janvier 1739.

Vu la requête et l'arrêt du Conseil du 5 juin 1731, Boucher ordonne que dans un mois, dernier délai, les habitants de la paroisse de Cabara (suivent ici 39 noms parmi lesquels ne figure pas celui de Boulerne) seront tenus de faire arracher les vignes qu'ils ont fait planter sans permission, et ce en présence des collecteurs de ladite paroisse ; ledit délai passé, il enjoint auxdits collecteurs de les faire arracher aux frais et dépens desdits particuliers. Lesdits collecteurs seront tenus de certifier que lesdites vignes ont été arrachées ; moyennant quoi, l'Intendant, par grâce et sans tirer à conséquence, décharge lesdits particuliers de l'amende portée par l'arrêt du Conseil du 5 juin 1731.

**SUPPLIQUES des habitants de Cabara condamnés pour avoir planté des vignes sans autorisation (Analyse).**

C. 1339.

A la date du 13 mars 1739, deux suppliques adressées à Boucher, l'une par les habitants de Cabara dont les noms figurent sur l'ordonnance du 16 janvier 1739, et l'autre par la généralité des habitants de cette paroisse, font valoir les motifs suivants :

1° Il est de fait certain que la vigne la plus nouvellement plantée par les suppliants est de plus de vingt-deux ans ; la majeure partie des vignes ont quarante et cinquante ans.

2° Les vignes sont plantées près de la Dordogne, rivière qui présente des débordements fréquents. L'expérience a demontré que les plantations de vignes faites

1. Entre le 15 et le 16 janvier, Boulerne, maître de bateau, offre d'arracher sa vigne, mais demande à être déchargé de l'amende qu'il peut avoir encourue. Ignorant les défenses, il a planté sans autorisation douze lattes, pour l'aider à payer ses impositions et faire subsister sa nombreuse famille. « Le fait que le sieur Gergerès demande que le suppliant soit seul condamné, alors qu'il y en a une infinité d'autres qui sont dans le même cas, est une preuve bien sensible qu'il ne cherche qu'à l'écraser. »

dans ces terrains non seulement conservent les semences des fonds qui sont au dessous, mais encore empêchent que les inondations n'entraînent la terre des guérets.

3° En laissant subsister les vignes, le Roi sera payé des impositions ; mais, les vignes arrachées, les particuliers seront obligés d'abandonner ces biens, parce qu'ils n'en retireraient aucun revenu.

---

**MÉMOIRE de Montegrin à Tourny exposant que l'arrêt de 1731 n'a pas modifié l'importance du vignoble bordelais et que l'on compte sur lui pour obtenir l'arrachement des vignes plantées depuis 1725 (Analyse).**

C. 1339.

---

27 juillet 1743.

Que dès son arrivée à Bordeaux, Tourny veuille porter un remède au danger résultant des nouvelles plantations de vignes. « Avant les billets de banque », les gens de la province avaient un revenu certain par la vente de leurs vins ; depuis ces billets, le prix des denrées et particulièrement celui du vin augmenta. Tous se mirent alors à planter de la vigne. L'arrêt du Conseil de 1725 défendit de nouvelles plantations sans une permission de Sa Majesté, et celle-ci ne devait être accordée qu'au préalable l'intendant n'eût vérifié le terrain pour voir s'il n'était pas plutôt propre à toute autre culture qu'à la vigne. Il n'étoit donc question que d'avoir l'approbation de ce dernier, à qui le Roi donna même pouvoir d'accorder lui-même les permissions. M. Boucher, au lieu de faire faire la vérification du terrain, se contenta d'attestations des notables de l'endroit. De plus, à son insu, il se dressa un petit bureau au secrétariat de l'Intendance « où chacun avoit la liberté d'aller chercher la permission au pied d'une petite requête, moyennant un louis d'or par arpent du terrain qu'il vouloit planter ». L'arrêt si précis de 1731 devait, selon toute apparence, produire de sérieux résultats ; mais les buralistes de l'Intendance, dans la crainte de nuire à leur fortune, en firent la publication quasi à la muette. On continua de planter, de sorte que tout est vigne ou peu s'en faut. Il y a au moins deux tiers de vin au delà de ce dont l'étranger a besoin. Les merrains qui viennent du Nord, les grains qui sont importés d'Angleterre et de Dantzig emportent les espèces hors du royaume. Un tonneau de vin tout logé revient au moins à quarante écus et n'est souvent vendu que vingt-cinq à trente écus, et encore heureux celui qui peut le vendre ! « Les négociants pour les isles et autres païs étrangers, qui seuls brillent par leurs équipages et par leurs opulences, sont ravis de cette multiplication et soutiennent qu'il n'y sçauroit avoir trop de vignes pour avoir le plaisir, quand ils ont besoin de cent tonneaux de vin, de choisir sur dix mille et de l'avoir pour rien. M. Boucher aurait pu y remédier mile fois ; mais toujours trop d'indolence et de bonté, et pas de mouvement. » Il n'y a que Tourny qui puisse procurer un bien si nécessaire en faisant arracher les vignes plantées depuis 1725.

---

**PROCÈS-VERBAL** d'un sieur Buissière, indiquant les propriétaires des jeunes vignes que Tourny avait remarquées dans une tournée à Sainte-Eulalie et à Saint-Loubès.

C. 1339.

---

23 septembre 1743.

L'an mil sept cent quarante-trois, et le vingtième du mois de septembre, Monseigneur de Tourny, intendant de la province de Guienne, étant party de Bordeaux, pour faire sa tournée à l'occasion du département des tailles de sa généralité et passant dans la parroisse de Sainte-Eulalie, routte de Lormon à Libourne, se seroit aperçeu, après avoir passé le bourg dudit Sainte-Eulalie, et immédiatement après une grande piesse de vieille vigne qu'on dit apartenir à M. de Saincrit, demeurant aux Chartrons, qu'on y avoit nouvellement et depuis environ un an, planté une pièce de vigne dont le terrein est propre à faire venir du froment. Et en continuant laditte routte, étant entré dans la parroisse de Saint-Loubès, il se serait encore aperçeu d'une autre pièce de vigne, aussy nouvellement complantée, de la contenance d'environ deux journaux et demy ; laquelle est plantée au joualle de deux rangées de vignes chacunne, y ayant entre lesdittes joualles trois règes de terre labourable de distance en distance ; laquelle piesse est pareillement dans toute son étandue propre pour du bled. Et comme nous, Estienne Buissière, M$^{e}$ archittecte, soubsigné, avions l'honneur d'être à la suitte dudit intendant, Sa Grandeur nous auroit fait remarquer lesdites deux pièces de vigne nouvellement complantées, et nous auroit donné ses ordres verballement, d'an dresser, à notre retour à Bordeaux, un prossès verbal pour luy être raporté. A quoy satisfaisant, nous étant trouvé, ce jourd'huy 23$^{e}$ dudit mois, de retour sur lesdits lieux, et nous y étant arrêté pour l'exceqution desdits ordres, nous nous serions informé du sieur Dupuch, bourgeois, demeurant dans laditte parroisse de Sainte-Eulalie, à qui appartient la pièce de vigne dont il a été sy dessus parlé et quy vient immédiatement après selle de M. Saincrit, et si le propriétaire avoit eu la permission de la complanter. A quoy ledit Dupuch nous auroit répondu que le propriétaire se nommoit le sieur Monjon, écuier, demeurant à Bordeaux, rue des Trois Conils; mes qu'il ignoroit s'il avoit obtenu ladille permission, et que sette piesse est de la contenance d'environ deux journaux. Et, pareillement, ayant fait des interpellations au sujet de la segonde piesse, située dans laditte parroisse de Saint-Loubès, complantée en jouale de vigne, il nous a été dit notament par le nommé Pierre Duvergé, du vilage de Maignan, qu'elle apartient au sieur Danisard, demeurant à Bordeaux, et qu'on ignore aussy s'il a obtenu la permission de la complanter. De quoy et de tout ce dessus, nous avons dressé le presant prossès verbal, fait sur lesdits lieux, le jour et an susdit.

BUISSIÈRE [1].

---

**MÉMOIRE anonyme, signé Santiliane, au contrôleur général, exposant que les vins que Bordeaux expédie à l'étranger viennent du Languedoc et du Quercy, peu de la Guienne, et démontrant la nécessité d'arracher les vignes plantées depuis vingt ans, ou tout au moins depuis 1731 (Analyse).**

C. 1340.

21 mars 1744.

La province de Guyenne produit trop de vin et le Languedoc lui en envoie trop. « On charge, à la vérité, dans le port de Bordeaux pour l'étranger des vins comme à l'ordinaire, mais les seuls vins du Languedoc et du Quercy, qu'on y transporte avec une très petite portion de la sénéchaussée de Bordeaux, suffisent pour toutes les cargaisons; et tout le reste de la province, qui fait cinq cent fois au delà, demeure sans débit. » Le petit nombre de particuliers qui vendent ne saurait suppléer aux impositions du grand nombre de malheureux qui ne vendent pas. « Si Votre Grandeur ne prend pas sous sa protection le nombre des misérables qui excède si prodigieusement celuy des heureux, l'Etat tombera dans le danger d'avoir plus de non-valeurs dans la levée des impositions que de valeurs réelles; et cette protection ne peut être efficace qu'en supprimant cette nombreuse quantité de vignes complantées depuis plus de vingt années. » Tout ce qui est planté depuis l'arrêt de 1731 est en contravention avec les ordres de Sa Majesté et mérite d'être arraché pour le bien public. Alors chacun aura part à la vente et sera en état de payer les subsides au Roi.

1. Le 28 septembre, Buissière, envoyant ce procès-verbal à Tourny, lui écrit : « Il m'a été dit qu'il y a plusieurs autres personnes dans le même cas; ce que je ne saurais m'empêcher de croire, parce que cela est trop visible. »

**LETTRE de Dusilhou, procureur du Roi à Saint-Macaire, à Tourny constatant que les ordonnances défendant de planter restent partout inobservées et le priant d'ordonner l'arrachement des vignes plantées depuis 1725.**

C. 1340.

---

1 avril 1744

A Monseigneur de Tourny.

Suplie humblement Pierre Dusilhou, procureur du Roy de la ville et prévôté de Saint-Macaire, dizant qu'en cette qualité il se trouve obligé, par le deu de sa charge, de prézanter à Vostre Grandeur ses plaintes, avec celles de la majeure partie des citoyens et habitans de la dite juridiction, sur l'inobservance des ordonnances de Sa Majesté, principalement pour ce quy regarde les défences qui ont esté faites, dans toute la province, de complanter des vignes sans une permission expresse. Cependant, sans avoir nul égard aux défences et sans nulle permission, nous voyons tous les jours de nouveaux défrichements et nouvelles complantations en vigne, ce quy a sy fort diminué la quantité des bois, bleds et autres grains, dont la juridiction estoit pourveue au delà mesme de sa consommation, que nous sommes à prézant obligés d'aller chercher nostre chauffage bien loin et bien cher, de mesme que le bled et autres grains, la juridiction n'estant à prézant pourveue que d'une quantité immance de vins, qui en diminue le prix par l'abondance et fait tort à toute la province, en faizant besser le prix de cette danrée et augmenter en mesme temps la consommation du bois et autres danrées.

Ce considéré, Monseigneur, il vous plaise de vos grâces ordoner aux sieurs juges et jurats, ou tel autre commissaire qu'il plaira à Vostre Grandeur de nommer, de faire une perquisition exacte de tous les défrichements et de toutes les vignes quy auront esté complantées depuis vingt ans sans permission et, en conséquence, en ordonner l'arachement et que le fonds sera remis en mesme nature qu'auparavant ; et nous continuerons nos vœux et nous prierons pour la santé et prospérité de Votre Grandeur.

Dusilhou, procureur du Roy.

**ORDONNANCE de Tourny relative aux vignes de la prévôté de Saint-Macaire (Extrait).**

C. 1340. Minute.

may 1744.

Étant informé qu'en contravention à l'arest du Conseil, il y a eu beaucoup de plantations de faites dans l'étendue de la prévôté de Saint-Macaire, nous ordonnons que par les officiers municipaux de la ville de Saint-Macaire, que nous avons à cet effet commis, il sera fait incessament une visite des vignes de l'étendue de ladite ville et prévosté qui paraîtront avoir esté planté depuis cinq années, de chaque pièce desquelles ils dresseront un état contenant à peu près la contenance et la situation, avec le nom et surnom des propriétaires, sans égard à ce qui pourra en ce concerner leurs amis, parens et eux-mesmes, lequel état ils certifiront véritable et nous enverront pour être par nous ordonné ce qu'il appartiendra.

Fait à Bordeaux, le 1 may 1744.

**LETTRE de Dusilhou à Tourny pour se plaindre de l'attitude du jurat Faye qui surexcite les propriétaires de Saint-Macaire (Extrait)**

C. 1340.

4 mai 1744.

Monseigneur,

Je crois estre obligé d'instruire Votre Grandeur que ....... M. le juge et moy avons eu toute la peine possible pour faire procéder à l'exécution de vos ordres. Le sieur Faye, dernier jurat électif, ..... a luy mesme fait arracher ses vignes nouvellement complantées, et son exemple a été imité par plusieurs des particuliers qui sont dans le cas ; et de plus, par ses discours peu mezurez, il a jetté la terreur dans toute la juridiction, en disant que Votre Grandeur n'a eu vue que de faire arracher les vignes nouvellement complantées que dans cette seule juridiction.... et... il a eu la malice d'insinuer qu'il ne peut y avoir que moy qui aye demandé à Votre Grandeur cette ordonnance pour cette seule juridiction ...

Nous obligeons tous les collecteurs des parroisses de nous porter une liste des particuliers et du nombre des journaux de vignes complantez depuis cinq ans ...

Je suis avec un très profond respect, etc.

DUSILHOU, procureur du Roy et jurat[1].

A Saint-Macaire, ce 4 may 1744.

---

**LETTRE de Tourny au sieur de Biberon de Garland, contrôleur au dixième, chargé d'une enquête sur les contraventions.**

C. 1340. Minute.

7 août 1744.

Vous agirez, monsieur, suivant que vos lumières vous indiqueront pour avoir autant de connaissance que vous pourrez des plantations de vignes en contravention, sans néanmoins vous servir de voies trop détournées ; je ne les aime guère. Toutes vignes plantées sans permission sont en contravention, et l'excuse qu'on ne fait que substituer d'un terrain à l'autre n'est pas légitime. Au moien de ce que je vous ay écrit et de ce qu'il n'est question de votre part que de vous assurer la connaissance de faits pour me la raporter, vous n'aurez pas besoin des arrêts du Conseil dont vous me parlez.

Je suis, monsieur, entièrement, etc.

1. Le 14 septembre 1744, Dusilhou écrivait, en outre, à Tourny :

« ...C'est avec toutes les difficultez de la part de plusieurs de mes collègues que je suis parvenu à faire exécuter l'ordonnance...et j'ay observé :

1° Que la plus grande partie des contrevenants avoient eu le soin d'avoir fait arracher les vignes avant notre transport, de sorte qu'on n'a peu expliquer à Votre Grandeur le dixième de ceux qui se trouvoient dans le cas ;

2° Que presque tous les paysans qui avoient complanté en vigne jusques à leur jardin s'étoient avizés, au lieu de l'arracher, de la faire couper seulement entre deux terres.. »

**LETTRE de Duvernon à Tourny lui montrant l'utilité de l'arrachement des nouvelles vignes en Guienne et en tous les lieux dont les vins descendent à Bordeaux après Noël (Analyse).**

C. 1340.

---

16 novembre 1744.

L'arrêt de 1725 laissa à l'Intendant la liberté d'autoriser de nouvelles plantations, si le terrain n'était propre qu'à la culture de la vigne ; mais les propriétaires trouvèrent le moyen d'obtenir des permissions, même pour des fonds les plus propres à tout autre denrée. L'arrêt de 1731 se montra plus sévère en ordonnant, en outre, qu'on ne pourrait replanter que les vignes abandonnées depuis moins de deux ans. Malgré tout, quantité de gens ont planté, de leur propre autorité ou de celle de commis de l'intendance, dans les meilleurs terrains. C'est la ruine de tous : on ne vend pas et les frais de culture et de futailles sont exorbitants.

Tourny a le souci d'embellir la ville de Bordeaux; qu'il veuille y joindre celui de rechercher les délinquants et de les contraindre à l'arrachement. Ce faisant, il sera utile à tous, même à ceux qui seraient forcés d'arracher : car, dans la suite, par un débit plus certain, ils y trouveront autant d'utilité que les autres. La même mesure devrait s'étendre à toutes les contrées qui ont la permission de faire descendre leurs vins à Bordeaux aux fêtes de Noël.

---

**MÉMOIRE de Sorbier demandant l'arrachement des vignes plantées depuis 1725, dont les bureaux de sortie seront seuls à souffrir (Analyse).**

C. 1339.

---

1744 (?)

Le soussigné, sur les enquêtes que les syndics des parroisses ont eu ordre de faire au sujet des plantations de vignes faites depuis cinq ans, est d'avis... que, « si le Conseil veut agir pour le bien de l'Etat ou pour procurer de l'argent au Roy, dans le but de lui aider à fournir aux frais de cette longue guerre, il n'y a pas de meilleur parti à prendre que de faire arracher les vignes plantées depuis 1725, et de condamner à une forte amende tous les contrevenants. » Chacun déclarera ce qu'il a planté; ceux qui feront de fausses déclarations seront fortement punis. Dans chaque province sera installée une chambre incorruptible qui, au moyen de syndics nommés à ces fins, surveillera dans chaque paroisse les arrachements. Ces syndics devront être en état de payer les sommes auxquelles ils seront condamnés, en cas de malversation.

Cela produira des sommes immenses au Roi ; les vignes restantes seront mieux cultivées ; il y aura plus de grains, de bétail et de bois ; les tailles seront supportées par un plus grand nombre ; le fret des vaisseaux tombera de moitié, ce qui est fort à désirer, car il est inouï que, de Bergerac à Libourne, on paie aux Hollandais, chaque année, cent mille écus, sans compter les cent mille francs qu'on leur verse pour les assurances. Enfin, les particuliers tireront autant de vins que maintenant des vignes qui leur resteront, et auront, de plus, des fonds qu'ils cultiveront autrement. Les Hollandais s'enrichissent là où nous nous ruinons : les vins qu'ils reçoivent de France, leur coûtent beaucoup moins qu'à ceux qui les leur envoient.

On a beaucoup planté et l'on n'arrache pas. Chacun sent l'inconvénient d'une trop grande quantité de vignes, et serait charmé que tout le monde arrachât, à condition de ne pas imiter les autres.

A vrai dire, il y aura une diminution dans les produits des bureaux de sortie. Mais il n'y aura qu'à augmenter les droits des vins. L'augmentation de ces droits, le produit des amendes, la plus grande facilité à percevoir les impôts — on les paiera plus facilement, si le présent projet est adopté — tout cela indemnisera le Roi du vide que cette opération produira. « Et quand même messieurs les fermiers en supporteraient une partie, il n'y auroit pas grand mal ! Cela n'ira pourtant pas aussi loin que cela se présente d'abord, parce que les vieilles vignes, négligées pour les nouvelles, seront désormais mieux cultivées et donneront plus de produits. »[1]

---

**ORDONNANCE de Tourny permettant aux Pères Jacobins de planter vingt-six journaux de vignes à Cubzac (Extrait).**

C. 1340. Minute.

23 mars 1745.

Louis Urbain Aubert, chevalier, marquis de Tourny, etc.

Vu la requête des Pères Jacobins de Bordeaux...

Vu le procès verbal du sieur Montagne, juge d'Embarez...

Nous, sous le bon plaisir du Roy et sans tirer à conséquence, permettons à la communauté des Jacobins de Bordeaux, et par elle, faisant arracher successivement ladite pièce de vigne de Monferrand, et y faisant planter des aubarèdes, d'en faire le remplacement à fur

1. Sorbier était un ancien gendarme de la Garde du Roy. Ce mémoire n'a pas paru avant 1744 ; cela résulte de la lecture même du document.

et mesure dans la susdite pièce de terre de vingt-six journaux dépendant de son bourdieu de Cuzac ; de tout quoy il nous sera justifié, à peine de nullité de la présente permission.

Fait à Bordeaux, ce 23 mars 1745.

---

**LETTRE de Maignol, subdélégué à Périgueux, à Tourny sur la fertilité relative de la région de la Double et de celle du Paréage.**

C. 1340.

---

A Périgueux, le 20 avril 1745.

Monseigneur,

J'ay l'honneur de vous renvoyer la copie du placet que M. de Chaune, gendarme de la garde du Roy, a présenté à M. le Controlleur général pour obtenir la permission de planter douze journeaux de vigne. J'y joints le procès-verbal que j'ay fait faire de ce terrain pour en constater la qualité. A quoi je dois ajouter qu'à la vérité ce terrain n'est pas situé dans le canton du Périgord appelé *le Paréage* qui, suivant la lettre que vous a écrite M. d'Ormesson, a été excepté de le deffance portée par l'arrest du 27 février 1725 ; mais qu'il est situé dans un païs encore plus ingrat, parce qu'il n'a pu produire, aux termes du procès-verbal, que quelques bruyères et quelques petits châtaigniers.

Quant au pays apellé *le Paréage*, qui tient le nom ce que le chapitre de la cathédralle de Périgueux, qui en avoit anciennement la justice, fut obligé d'y associer le Roy pour se deffendre des troubles que luy faisoit perpétuellement le comte du Périgord, il est situé aux environs de Périgueux et composé de vingt-quatre ou vingt-cinq parroisses qui forment une étendue de deux lieux en largeur et de quatre à cinq lieux de circuit. C'est un païs extrêmement montueux, fort couvert de bois, y ayant très peu de terres labourables et encore moins de vignes, parce qu'elles ne peuvent y subsister longtemps, à cause de la mauvaise qualité du terrain. Il ne laisse cependant pas que de fournir à la subsistance de ses habitans et au payement de leurs impositions par la quantité de châtaignes qui s'y recueillent et par le nourrissage qui s'y fait des bestiaux et surtout des cochons. Il y a d'autres pays dans l'élection, tels que celluy de la Double et quelques autres, qui sont bien plus à plaindre, parce que, outre qu'il y a aussi disette de terres labourables et de vignes, il s'en faut d'ailleurs de beaucoup qu'ils n'ayent autant de resource du côté des bois et du côté du nourrissage.

J'ay l'honneur, etc.

MAIGNOL.

---

**COMMISSION de Tourny à Basterot, subdélégué à Lesparre, à l'effet de rechercher les plantations de vignes indûment faites dans le Médoc.**

C.1340. Minute.

---

Étant informé que, contre les deffences portées par les arrêts du Conseil, il se fait tous les jours et sans aucune permission dans le Médoc de nouvelles plantations de vignes au grand préjudice du bien public, nous avons commis le sieur Basterot, notre subdélégué à Lesparre, pour se transporter dans toutes les paroisses du Médoc où il apprendra y avoir eu depuis plusieurs années de nouvelles plantations. Il fera représenter les permissions en vertu desquelles on y aura travaillé, dont il retiendra celles où il n'y en aura pas eu d'accordées ; dressera desdites plantations des procès-verbaux circonstanciés, contenant l'âge des vignes, l'étendue du terrain, sa confrontation et les noms des propriétaires... quels seront notoires. Il nous enverra avec son avis séparé.

Fait à Paris, le 25 avril 1745.

**LETTRE** de Dasvin, secrétaire au bureau de l'Intendance, à Tourny, l'informant qu'il écrira aux subdélégués de sa part (Analyse).

C. 1340.

Bordeaux, 4 may 1745.

J'ai reçu, avec votre lettre du 27 avril, celle pour M. Basterot et la commission que vous avez envoyée à ce dernier pour se faire représenter les permissions de planter..... J'écriray de votre part à ceux de messieurs vos subdélégués dans le district desquels le vin fait le principal objet de la récolte. S'ils donnent une attention très suivie à cet objet, ils fourniront matière à bien des condamnations.

Dasvin.

**MÉMOIRE** anonyme, signé Patricola, adressé à Tourny pour lui exposer les services qu'il rendrait à la province s'il obtenait du Roi de faire arracher la moitié des vignes de la Guienne et du Haut-Pays [1] (Analyse).

C. 1340.

Mai 1745[1].

On dit que Tourny est dans le dessein d'obtenir du Roi un ordre de faire arracher la moitié des vignes dans la Guienne. S'il peut y arriver, il rendra cette province l'une des plus florissantes du royaume, alors qu'il n'y en a aucune qui soit dans une situation aussi fâcheuse. Il y a plus de dix ans qu'on ne vend pas la moitié du vin qu'on recueille, quoiqu'il n'y ait eu dans cette période que 1742 de fertile. En vain dira-t-on que c'est parce que les vins n'étaient pas bien conditionnés. Cela n'a été vrai que de deux ou trois des années. Autrefois, on en a vendu d'aussi mauvais, lorsqu'on n'avait que le vin nécessaire pour le débit de chaque année.

Vu la grande quantité de vin, les marchands l'achètent à vil prix. Les frais de culture sont tels que celui qui a le bonheur de vendre ne retire presque rien au delà de ce qu'ils exigent. Les premiers crus sont les seuls qui donnent quelques revenus et qu'on vende régulièrement. Sur cent personnes qui ont du vin, il y en a dix qui s'en défont.

Les choses les plus nécessaires à la vie sont devenues d'une cherté exorbitante,

1. La date de ce mémoire a été présumée d'après la lettre de Dasvin à Tourny, du 8 mai 1745.

parce qu'il n'y a plus ni bois, ni terres labourables dans la province. Le pays de Bergerac, partie de l'Agenois et du Quercy, la moitié du Bordelais, qui étaient des pays de provision, il y a vingt-cinq à trente ans, sont aujourd'hui remplis de vignes. Les gens accrédités ont surtout la démangeaison de faire des complantements.

Le bien de l'État exige qu'on arrache une moitié des vignes. Tel qui ne peut aujourd'hui payer une pistole de contribution, pourra payer un louis sans s'incommoder. Un tonneau donnera plus de revenu que quatre. Les frais de culture diminueront des deux tiers, parceque les journées des ouvriers, les barriques, les échalas ne coûteront pas de beaucoup autant. Les endroits où l'on aura arraché des vignes pourront être mis en bois, prairies et terres labourables. On ne sera pas sans ressource en temps de guerre, et exposé à de cruelles famines. Au lieu de faire venir des bœufs salés d'Islande, des cochons, des farines d'endroits éloignés pour les envoyer en Amérique, on les trouvera sur les lieux.

Les Hollandais jettent à la mer une partie de leurs marchandises, quand leurs vaisseaux en portent plus qu'il n'en faut pour leur commerce. Tout le monde sent la nécessité d'arracher des vignes, mais personne ne peut se déterminer à commencer. Dès qu'il y aura un ordre, on l'exécutera avec plaisir, parcequ'il obligera un chacun, et que les personnes puissantes et les négociants qui ont la facilité de se défaire de cette denrée, ruineuse pour tout autre que pour eux, n'en seront pas exceptés, et qu'on les y contraindra aussi rigoureusement que le dernier des manants. Il serait à souhaiter que même cet ordre s'étendît à tous les pays qui sont au pied des Pyrénées et au Languedoc.

---

**LETTRE de Dupin à Tourny dans laquelle il lui demande des instructions au sujet de la mission confiée à M. Basterot.**

C. 1340.

---

A Bordeaux, ce 8 may 1845.

Monsieur,

J'ai conféré avec M. Basterot, qui est icy depuis quelques jours, au sujet des nouvelles plantations de vignes. Il m'a fait sentir la difficulté qu'il y auroit de remplir votre objet, s'il devoit successivement se transporter dans les paroisses de sa subdélégation, et prendre par luy-même tous les éclaircissements relatifs à la commission que vous luy avés envoyée. M. de Sorlus m'a fait la même objection. Nous sommes convenus d'écrire une lettre circulaire aux sindics et collecteurs des paroisses de vignoble, pour les charger de dégrossir la matière en formant des états dont la vériffication sera ensuite faite par les subdélégués, ce qui diminuera considérablement leur séjour dans chaque paroisse. Mais je n'ay point voulu donner cette lettre à l'impression sans vous la communiquer. Vous en trouverés, monsieur, ci-joint une minute.

M. Basterot prétend que vous lui avés donné, de vive voix, pour époque de ses recherches, la datte de l'arrêt du Conseil qui a interdit les plantations. Comme votre commission ne porte rien de fixe, ayés la bonté de me marquer précïsement vos intentions la dessus, afin que l'opération soit faite partout uniformément. Ces messieurs demandent encor si, ne pouvant se rendre dans toutes les paroisses, vous aprouverés qu'ils commettent des personnes de confiance pour y supléer.

J'ai l'honneur d'être avec un profond respect, monsieur, votre très humble et très obéissant serviteur.

DUPIN.

---

**PROJET d'une lettre circulaire à adresser par les subdélégués aux syndics et collecteurs des paroisses.**

C. 1340. Minute.

8 mai 1745.

M. l'Intendant m'ayant ordonné, messieurs, de me transporter incessament dans toutes les parroisses de ma subdélégation où la récolte du vin fait un des principaux objets de revenu, pour vériffier les complantations de vignes qui ont été faites depuis les deffenses portées par l'arrêt du Conseil du 27 février 1725, et ne pouvant remplir ses intentions sans le concours des sindics et collecteurs, vous ne manquerés pas, aussitost la présente reçue, de prendre les connaissances nécessaires pour former un état circonstancié, contenant l'âge des vignes qui ont été plantées dans votre parroisse depuis l'époque ci-dessus, l'étendue du terrain qu'occupe chaque complantation et ses confrontations, ainsy que les noms des propriétaires desdites vignes. Cet état formé avec l'exactitude la plus scrupuleuse, vous avertirés lesdits propriétaires de vous représenter les permissions qu'ils ont sur ce obtenues, et vous ferés noter, à l'article de chacun, tant la date desdites permissions que la quantité de terrain pour laquelle elles auront été accordées. Vous me remettrés ledit estat à mon arrivée dans votre parroise, vous avertissant que vous serés exposés à des amendes considérables si, lors de la vériffication que j'en feray sur les lieux, je trouve que vous ayés péché, soit par omission volontaire de quelques articles, soit par infidélité dans d'autres en déguisant la véritable étendue du terrain complanté.

Je suis, etc.

---

**LETTRE de Dasvin à Tourny, sur l'accueil fait par l'opinion publique aux mesures annoncées (Extraits).**

C. 1340.

---

Bordeaux, ce 8 may 1745.

Monsieur,

Je reçois.... vos pacquets du 3 et 4 de ce mois... La lettre signée Patricola, au sujet des vignes, est sûrement une lettre anonyme. Je ne la feray voir qu'à M. de Sorlus. On tient bien des discours sur l'ordre que vous avés donné de vériffier les nouvelles plantations. Les uns souhaitent cette vérification, d'autres la craignent. Et il est à présumer qu'elle fera bruit. C'est pour cette raison que je n'ay pas voulu que la lettre circulaire dont je vous envoye le projet fust imprimée que de votre approbation...

On ne vous fait plus lieutenant général de police de Paris, mais de Bordeaux. Le bruit en est tellement répandu que petits et grands en parlent ouvertement et souhaitent que l'effet s'en suive. Messieurs les Jurats ne jouent pas un beau rolle dans les discours qui se tiennent à ce sujet. On m'a assuré que le Conseil avoit dejà eu l'idée d'ôter à la Jurade les fonctions de la police. Je ne sçay à quel propos on a remué cette matière, mais je scay que quelques Jurats en ont témoigné de l'inquiétude.

J'ai l'honneur, etc.

DASVIN.

---

**DEUX lettres anonymes à Tourny, l'une signée Dorimont, l'autre « une très humble servante » lui demandant de faire arracher toutes les vignes nouvellement plantées, sans tenir compte de la nature du terrain et sans avoir égard aux personnes (Extraits).**

C. 1340.

---

11 mai 1745. — Que de gloire pour vous et de bien à la province de Guyenne par le retranchement des nouvelles plantations de vigne! Mais, que de précautions à prendre, pour éviter les fraudes! Il n'y a point de particulier qui n'invente des raisons sensibles pour persuader que le terrein de sa nouvelle plantation n'est propre qu'à cette denrée; et tous ceux qui seront dans ce cas, s'ayderont les uns et les autres pour les justifier. La protection et la faveur y fairont beaucoup de poids, et peut-être même les personnes proposées pour y tenir la main se laisseront-elles vaincre. Le prétexte de la qualité du teroir n'est qu'un abus : il produisoit avant la nouvelle plantation. Et le païs de lande donne un grand exemple que tout teroir qui est cultivé raporte ou d'une ou d'autre sorte de denrée également utile au peuple. Peut-être, monsieur, seroit-il plus à propos de faire arracher, sans distinction de teroir, générallement tout ce qui a été complanté depuis un certain nombre d'années : on éviteroit par là l'embarras du détail et les fraudes qui peuvent se commettre. Ayez la bonté aussi d'observer la nécessité qu'il y auroit que les païs qui ont la liberté de faire descendre leurs vins au havre de cette ville, fussent compris dans le même ordre, de crainte qu'ils ne s'en prévalussent pour nous inonder de leurs vins.

15 mai 1745. — Ne soyés pas surpris que cette lettre ne soit pas signée : je n'en ay pas moins de vénération pour vous. On nous assure

que vous avés obtenu un ordre pour faire arracher les vignes complantées depuis les billets de banque. C'est le plus grand bonheur qui puisse nous ariver; car la province est entièrement perdue par cette quantité de vignes qui abreuveroient la moitié de l'Europe et qui ruinent tous ceux qui les ont. Tout le monde est persuadé que vous ne vous arêterez point à faire examiner si le terein n'est propre à autre chose qu'à des vignes, mais qu'on arachera sans aucune distinction, soit bon, soit mauvais, tout ce qui a été planté, afin d'ôter tous les prétextes que les personnes de considérations profiteraient au préjudice des autres. Tout le monde a les yeux sur votre subdélégué Pontet, qui a tellement complanté dans la lande ou ailleurs, que luy fait plus de vin que n'en faisoit la plus fameuse paroisse avant le sixtème. N'est-il pas pitoyable de voir toute une grande province, où il n'y a plus ny bois, ny bestieaux, ny volailles, et où les avides commis de monsieur de Bouchet distribuoient tant de permissions qu'on vouloit, à un louis d'or par journal ? Le bonhome signoit tout ce qu'on vouloit, sans sçavoir ce qu'il faisoit, et ces maudits commis se sont enrichis, en conduisant par ce moyen toute la province dans sa ruine totalle.

---

**LETTRE de Tourny à Dupin en réponse à sa lettre du 8 mai, sur la façon dont devront agir les subdélégués dans la recherche des plantations indûment faites.**

C. 1340. Minute.

---

Ce mercredy 22 may 1745.

Je n'ai point entendu, monsieur, par la commission que j'ai envoyée à M. de Basterot contre l'indue plantation des vignes, porter les choses aussi loin qu'il me paroit, dans votre projet de lettre circulaire, que vous et luy-même, M. de Sorlus, l'avez compris. Premièrement, de vouloir que messieurs les subdélégués se transportent dans toutes les paroisses de leurs subdélégations, ce seroit leur donner une besogne aussi coûteuse que difficile à remplir ; en second lieu de faire remonter la recherche au temps des deffenses prononcées par l'arrest du

Conseil du 27 février, ce serait se jetter dans des discussions dont il ne serait pas possible de sortir. Mon intention, en adressant la commision en question à M. de Basterot, n'a été que de luy donner un pouvoir particulier qu'il me demandait pour l'autoriser davantage, et luy servir en quelque façon d'excuse envers ceux contre lesquels il verbaliserait. Je n'ay eu que la mesme vue dans la commission que j'ay ensuite adressée à M. de Sorlus. Je désire, pour le bien public, que l'un et l'autre en fassent usage autant qu'ils sçauront des paroisses où il y aura beaucoup de plantations nouvelles, et, y allant alors, faire des procès-verbaux, d'après lesquels je rendray des ordonnances de condamnation qui serviront à diminuer le mal ou au moins à en arrêter le progrès. Quant au tems où j'entends faire remonter les recherches, c'est à celuy seulement où il paroit, par l'inspection des vignes, qu'elles sont nouvelles, comme n'étant pas encore ny tout à fait garnies, ny en plein rapport, c'est-à-dire à cinq années, y compris la courante, par conséquent au premier janvier 1741. C'est dans ce sens là, sans néanmoins rien dire qui couvre les plus anciennes contraventions, que messieurs les subdélégués peuvent écrire, tant aux sindics et collecteurs des paroisses dans lesquelles ils croiront qu'il y aura lieu à verbaliser, qu'à quelques personnes de confiance, ou pour leur donner des commissions sur lesquelles ils se transporteront, ou pour faire, sur leur commission, des procès verbaux qui constatent les vignes en contravention de l'espèce ci-dessus.

Je suis, monsieur, entièrement à vous.

---

**LETTRE du subdélégué Sorlus à Tourny, objectant l'irrégularité qu'il y aurait à ne faire remonter qu'à 1741 la recherche des contraventions.**

C. 1340.

---

1er juin 1745.

Monseigneur,

Je vois, par la copie que m'a fait remettre M. Dupin de la lettre que vous lui avés ecritte, en interprétation des ordonnances que vous nous avez adressées à M. de Basterot et à moy au sujet des vignes, que vous entendés que notre mission soit bornée dans la recherche de celles plantées depuis le premier janvier 1741. On ne peut pas douter que les ordonnances de condamnation que vous rendrés sur les vignes de cette espèce qui seront en contravention, ne servent à diminuer le mal que cause une trop grande quantité de vignes, ou au moins à en arrester le progrès. Il est aussi certain que la recherche de toutes celles qui ont été plantées depuis les deffenses portées par l'arrest du Conseil du 27 février 1725, présente un travail bien considérable, et semble amener des discussions bien difficiles à démêler. Mais, monseigneur, permettez-moi d'avoir l'honneur de vous représenter qu'en ne verbalisant que sur les nouvelles vignes, qui ne sont pas tout à fait garnies ni en plein raport, il y aura une irrégularité ; que nous ne sçaurons que fort imparfaitement la situation de votre généralité par raport aux contraventions ; et qu'en ne sévissant que contre ceux qui ont planté dans les cinq dernières années, les plus coupables, comme ayant contrevenu auxdittes deffenses dans le tems le plus voisin des arrêts pour lesquels elles ont été prononcées, demeureront impunis. Ceux-cy ont cependant été bien dédomagés des frais qu'ils ont faits dans ces complantations, par ce qu'elles leur ont depuis produit ; et les autres qui ne sont peut-être déterminés à les imiter que parce qu'on a passé sous silence leurs entreprises, seront seuls d'exemple en perdant sans resource les grandes dépenses qu'ils ont faittes. Je me transportray, après demain, à Langoiran, où l'on m'a assuré qu'il y a beaucoup de contraventions. Je comprendray, dans les états et procès-verbaux que j'en ferray, toutes les vignes plantées depuis la deffence, pour juger plus solidement des difficultés qu'il y auroit à surmonter pour une recherche aussi exacte qu'instructive. J'auray l'honneur de vous les envoyer avec mes observations, et vous deciderés, s'il vous plaît, monseigneur, si mon plan pour ce travail répondra à votre objet.

J'ai l'honneur . .

SORLUS.

A Bordeaux, ce 1er juin 1745.

**LETTRE de Maignol, subdélégué à Périgueux, à Dasvin, pour lui montrer l'utilité d'une nouvelle ordonnance (Extrait).**

C.1340.

---

Périgueux, le 14 juin 1745.

Si les sindics des paroisses de la généralité, monsieur, avoient exécuté l'arrêt du Conseil, du 5 juin 1731, concernant les nouvelles plantations de vigne, qui leur enjoignoit de dénoncer à M. l'Intendant celles qui avoient été faittes dans leurs paroisses, nous ne serions pas aujourd'huy dans l'embarras de découvrir les mêmes plantations, et je crois que, ne devant pas nous attendre que personne nous donne, de son abondant, d'éclaircissements à cet égard, il n'y a d'autre expédiant, pour cette découverte, que de commettre des personnes entendues et de caractère pour se transporter dans les paroisses, y prendre les déclarations des sindics sur ce sujet, et dresser tout de suitte des procès-verbaux qui expliquent tout ce que demende M. l'Intendant. Mais, comme ces transports et les vérifications ne peuvent pas se faire aux despens des commissaires, et que vraisemblablement il n'y a pas de fonds destinés pour cet objet, peut-être conviendroit-il mieux que M. l'Intendant renouvelle les déffenses portées par ledit arrêt du 5 juin, et ordonne en même temps aux sindics desdites paroisses, sous la peine de deux cent livres d'amande qui y est énoncée, de luy porter incessamment ou à ses subdélégués des états des contrevenans certiffiés desdits sindics, pour être à la veue des dits états par lui ordonné ce qu'il appartiendrait. Si une nouvelle ordonnance dans ce goût ne produit pas tout l'effet qu'on en doit attendre du côté des dénonciations, je ne doute pas qu'elle n'opère cellui de l'arrachement d'une bonne partie des vignes plantées en contravention, par la crainte qu'on aura de payer une grosse amende.

Je dois cependant vous observer, en particulier pour ma subdélégation, que, suivant les lettres écrittes à M. Boucher par M. le Controlleur général et à M. de Tourny par M. d'Ormesson, nous avons un canton, appelé *le Paréage*, excepté des dites deffenses..... Ayés la bonté de faire part de ma lettre à M. l'Intendant, et de me marquer positivement ce qu'il juge à propos de faire pour mon district, se trouvant dans un cas particulier à cause de laditte exception, et qu'une bonne partie du restant n'est guère propre à autre culture qu'à être planté en vigne.

J'ai l'honneur, etc.

MAIGNOL.

---

**SUPPLIQUE des habitants de la Teste, de Gujan et du Teich, à Tourny au sujet de leurs plantations de vigne (Analyse).**

C. 1340.

Juin 1745.

« Suplient humblement Votre Grandeur les manants et habitans des parroisses de la Teste, Gujan et le Teich, juridiction du captallat de Buch,... et viennent exposer leur état misérable qui serait accru s'ils étaient obligés d'arracher leurs vignes... Accoutumés à la pauvreté par ceux de qui ils tiennent le jour, ils n'aspirent à d'autres bonheurs que de ne pas la voir devenir insuportable. »

Les habitants du captallat de Buch, entr'autres ceux de la Teste et de Gujan, subsistaient autrefois par les secours qu'ils retiroient d'une forêt de pignadas et de leurs vignes. Ils échangeaint pour des grains ces denrées avec les habitants des Landes, et principalement avec les Bretons. La ressource la plus assurée leur a été ravie par l'affreux incendie de cette forêt, à propos duquel le roi a réduit les tailles à quatre cent livres.

Les habitans de la Teste ont perdu toutes leurs prairies par les sables qui, poussés par l'impétuosité des vents, les ont entièrement couvertes, de même que les vignes et les chaumières d'un grand nombre d'habitans. En outre, durant plusieurs années, des insectes ont ravagé leurs vignes, que la plupart ont dû abandonner. Les fonds de la Teste ne peuvent produire des grains ; les habitants, du reste, seraient dans l'impossibilité de les cultiver : pas de prairies, pas de bétail, pas d'engrais ; de plus, les bras manquent. La profession de résinier et de pêcheur prend tout le temps de ceux qui l'exercent. Les uns se retirent, dans la forest, et les autres sur les côtes ; ils n'en reviennent que le dimanche, pour entendre la messe. Les vignes ne sont travaillées que par les femmes, qui, sans cette exception, seraient oisives et leurs familles misérables. Les veuves, nombreuses ici par les accidents fréquents qui arrivent aux matelots, s'y occupent.

A Gujan, la situation est plus avantageuse pour les grains ; les terres nouvellement défrichées excèdent les anciennes ; l'étendue des vignes y est bien au dessous de celle de la Teste. Au Teich, elle est encore plus favorable : on n'y recueille pas vingt tonneaux de vin dans les années les plus abondantes ; la culture des grains occupe tous les habitans et forme leurs ressources.

Il résulte de ces faits qu'il y a peu de vignes dans la juridiction, qu'il y en a moins qu'autrefois, et que les nouvelles plantations remplacent d'anciennes vignes. Les vins récoltés forment un si modique objet qu'il n'y en a pas pour l'entretien des habitans la moitié de l'année.

Les exposants se sont toujours pourvus de grains dans les provinces voisines, qui ne sauraient s'en défaire autrement ; et ils l'ont à meilleur marché que nulle part ailleurs dans la généralité, même lors de l'arrivage des blés de Bretagne. Ils ajoutent que leurs vignes ne sont pas travaillées par des manœuvres étrangers, et qu'elles n'entrainent pas la cherté des barriques, les mêmes servant nombre de fois.

Pour toutes ces raisons, les suppliants prient l'Intendant de ne pas ordonner l'arrachement de leurs nouvelles plantations.

---

**PROJET de commission de Tourny aux contrôleurs au dixième à l'effet de rechercher ceux qui depuis cinq ans ont planté en contravention.**

C. 1340 Minute.

1 juillet 1745.

« Nous avons commis le sieur...., contrôleur au dixième, pour, lorsqu'il se transporte dans différentes paroisses de son arrondissement à l'effet de vérifier les déclarations ou représentations des contribuables, prendre des mémoires, aussi justes et certains qu'il lui sera possible, sur les nouvelles plantations de vignes qui auront été faites dans ces paroisses en contravention depuis environ cinq années ; lesquels mémoires contiendront l'étendue des terrains nouvellement plantés en contravention, la dénomination des cantons où ces terrains sont situés, les noms des propriétaires, ceux des fermiers et métayers et l'année où la plantation aura été faite ; pour à quoi parvenir, ordonnons aux sindics, consuls et collecteurs en charge de fournir audit sieur...... toutes les connaissances qu'il requerra d'eux sur l'objet de la présente commission, à peine par eux d'en demeurer responsables en leur propre et privé nom : et, où il y aurait incertitude si des plantations nouvelles auroient été faites avec ou sans permission, ordonnons aux propriétaires de représenter audit sieur.....celles qu'ils prétendront avoir, sur la réquisition qu'il leur en sera faite.

A Paris, le premier juillet mil sept cent quarante cinq.

---

**LETTRE circulaire de Tourny aux contrôleurs au dixième, dans laquelle il leur donne des instructions au sujet de la mission dont il les charge.**

C. 1340. Minute.

1 juillet 1745.

L'abus, monsieur, où je vois que s'est porté et se porte continuellement l'excessive plantation de vignes dans toute ma généralité, me fait souhaiter ordonner d'y remédier au plus tôt par des condamnations telles que méritent les contrevenans aux différents.... prononcés par différents arrêts du Conseil. Dans cette idée, pensant que, lorsque les contrôleurs au dixième vont dans les paroisses faire leurs vérifications, ils pourront aisément faire d'utiles découvertes sur les contraventions dont il s'agit, je vous envoie la commission ci-jointe, à l'exécution de laquelle je vous prie de donner autant de soins que peuvent vous le permettre vos opérations du dixième, dont je n'entends point vous distraire. Au surplus, je vous préviens qu'il ne faut vous atacher qu'à des objets de contravention qui en valent la peine, dont les condamnations n'aient point à tomber sur de malheureuses personnes, mais sur des personnes, de quelque condition qu'elles soient, en état de païer les amendes que je prononceray et dont l'exemple fasse éclat [1]. Je compte trouver dans le produit de ces amendes de quoy vous récompenser de vos soins. Vous m'adresserez vos mémoires, accompagnés d'états réduits par colonnes, à fur et à mesure que vous en aurez sur différentes paroisses. Quoy qu'aux termes des arrêts, il semble que je devrais remetre bien plus haut que cinq années, votre comission se renferme dans cette époque, à cause des embarras de la recherche.

Je suis, monsieur, entièrement à vous.

1. La date de ce document est donnée par la pièce précédente.

**REPRÉSENTATION anonyme à Tourny sur la manière dont les états de plantations sont dressés (Extrait).**

C. 1340.

1745.

Monsieur le marquis de Tourni est si porté à rendre justice qu'il sera sans doute bien eize qu'on luy face queques representations sur serteins cas..... Quand à la plantation des vignes, on assure que non seulement ceux qui ont planté de la vigne depuis cinq ans an terrain neuf, mais encore ceux qui n'ont fait que renouveler des vignes qui était en production seront compris dans le même état, ce qui est sans doute contre l'intention de monsieur de Tourni; car, si ceux qui n'ont fait que renouveler leurs vignes étaient punis comme ceux qui ont planté an terrain neuf, on tomberoit dans un si grand découragement que les vignes qui sont le principal revenu de cete province, seraint bien tost ruinées. Il est, ce semble, de la bone justice de monsieur de Tourni de ne faire comprandre dans les étals que ceux qui ont planté an terrain neuf et de donner cet ordre à ses subdélégués.....

---

**LETTRE de Tourny au sieur Riboutté, contrôleur au dixième, en réponse à une lettre du 17 juillet 1745.**

C. 1340. Minute.

Juillet 1745.

Toutes plantations nouvelles de vigne, sans permission, sont, monsieur, en contravention. L'objet de la commission que je vous ay donnée, ainsi qu'aux autres contrôleurs au dixième, est de découvrir et de me fournir des états des plantations de cette espèce dans les paroisses où vous opérez, sans que les substitutions de vignes d'un terrain à l'autre soient une raison pour les excuser, encore moins pour que vous n'en fassiez pas mention. A l'égard des personnes qui ne vous pourront pas représenter leurs permisions prétendues, c'est pour vous comme s'il n'y en avoit pas eu d'accordées,

Je suis, monsieur, entièrement à vous.

---

**LETTRE de Tourny à Dudezert, subdélégué de Blaye, le questionnant au sujet du vignoble de sa subdélégation.**

C. 1340. Minute.

Juillet 1745.

Les jurats de Blaye m'ont adressé, monsieur, un état des nouvelles plantations de vignes qui se sont faites, depuis dix années, aux environs de Blaye, dans les paroisses de Saint-Romain et de Saint-Sauveur de cette ville. Comme ils me marquent en même temps qu'ils vous ont fourni un pareil état, je vous prie, d'une part, d examiner si vous n'avez pas lieu de croire qu'il y ait eu davantage, et, d'autre part, de demander aux propriétaires des terrains les représentations des permissions qu'ils ont obtenues; s'il ne leur en a pas été accordé, vous en ferés note sur l'état. Les jurats marquent que tous ces terains plantés en vigne n'étoient point propres à aucune culture. Sans visiter chaque endroit, vous me manderés, s'il vous plait, en gros ce que vous en pensés, et vous dirés aux jurats que j'ay recu leur lettre ainsi que leur état.

Je suis, monsieur, entièrement à vous[1].

---

**LETTRE de Dudézert, subdélégué de Blaye, à Tourny au sujet des vignes des paroisses de Saint-Sauveur et de Saint-Romain (Extrait).**

C.1340.

A Blaye, ce 27 juillet 1745.

Monseigneur,

Je reviens de visiter les vignes plantées au mépris des défenses dans

1. La lettre des jurats à Tourny est du 9 juillet.

les paroisses de Saint-Sauveur et de Saint-Romain. Il est vray que le terrain est plein de rochers..... J'ay seulement trouvé dans ma visite quelques pièces de vignes obmises que je rapporte avec mes observations dans l'état ci-joint. Permettez moi, monseigneur, d'avoir l'honneur de vous représenter que ceux qui ont donné leurs vignes pour former le nouveau chemin de Blaye à Saint-André mériteroient quelque indulgence, du moins pour autant de terrin qu'ils ont perdu en vigne ; d'autant mieux qu'ils se sont soumis à vos ordres avec une docilité extrœme. De même que le sieur Morin, procureur sindic de cette ville, mérite, monseigneur, que vous n'ayez nul égard à l'observation faitte à son article, pour avoir eu la témérité de lever l'étendard de la révolte par l'acte qu'il a osé faire, et de l'excepter de la grâce pour servir d'exemple. M. de Sorlus et moi étions convenu, monseigneur, de demander les déclarations des vignes plantées depuis mille sept cent trente cinq, pour les avoir sincères. Nostre prévoyance a été trompée : il n'y en a que une, de toutes celles qui m'ont esté remises, qui ne soit fausse. L'on ne pourra se dispenser de se transporter dans les paroisses pour faire exécuter ce que vous ordonnerez sur le sort des vignes.

J'ay l'honneur...

DUDÉZERT.

---

**LETTRE de Biberon de Garland, contrôleur au dixième à Sarlat, à Tourny, dans laquelle il lui fait part des moyens détournés qu'il compte employer pour découvrir les délinquants (Extrait).**

C. 1340.

---

28 juillet 1745.

Monsieur,

Je n'ai reçu qu'hier votre lettre, en datte du 6 de ce mois, et la commission qui y étoit jointe. Il est fâcheux que vous n'ayez pas plutôt jetté les yeux sur chacun de nous pour l'objet d'icelle ; car, en procédant avec les sindics des paroisses au dénombrement des biens, avant que vos ordres au sujet des nouvelles plantations eussent fait éclat, nous aurions eu d'eux et de nombre d'autres particuliers les renseignements nécessaires ; et d'autant plus facilement que nous leur aurions persuadé que nos questions à cet égard tendoient à ne point mettre en estimation des biens qui ne pouvoient produire d'icy à quatre ou cinq ans... Les perquisitions, faittes ouvertement par messieurs vos subdélégués, ont mis l'épouvante dans les esprits, et contiennent ceux qui auroient parlé, lorsqu'ils auroient crû qu'il s'agissoit d'un soulagement...

Je ne puis m'empêcher de dire qu'ils [les dépositaires de vos ordres] auroient dû s'en servir autrement, en les tenant secrets pendant un certain temps, et en faisant usage dans l'esprit de remédier aux prétendus abus qui règnent dans l'imposition du dixième, y ayant compris des biens en vigne qui ne devoient l'être, ne pouvant produire que dans quelques années.....

J'employeray tous les moyens imaginables pour acquérir la connaissance que vous souhaitez avoir ; et si les promesses de me relâcher en faveur de quelques particuliers pour leur dixième vous conviennent, je ne négligeray pas de les faire, comme aussi de menacer les gens qui par leur misère paroissent, aux termes de votre lettre, exempts de recherches. J'espère dans le secret avoir des renseignements que je n'auray point à voyes ouvertes, quoyque je me persuade pourtant que, par la suitte, en condamnant quelques sindicqs à des amendes pour n'avoir pas révélé.... ils se détermineront à parler....

Nombre de particuliers en contravention allégueront avoir substitué de nouvelles vignes à de vieilles...... ; ayez la bonté de m'expliquer s'ils ont été... exemptés ou non de demander des permissions ; cela fait, en leur donnant le change, selon la circonstance, nous en ferons tomber quelques-uns dans le piège.

Il seroit convenable de nous faire passer les arrêts.., et de recommander à messieurs vos subdélégués de s'unir à nous, au lieu de s'en cacher, en les assurant... qu'ils pourront dans le public se décharger de tout sur nous. Pour lors, ils se livreront plus volontiers à faire usage des connaissances qu'ils ont par eux-mêmes et par différents canaux, surtout lorsque vous leur notifierez les menaces que vous nous aurez faittes d'encourir votre disgrâce, si nous les citons.

Relativement à la répartition des gratifications que vous voulez bien nous faire espérer, je crois qu'il seroit bon de nous fixer à chacun un arrondissement. . . .

Je vous serois bien obligé si vous vouliez remontrer à M. le Controlleur général que les fruits de mon travail pour le dixième en méritent une au-dessus de celle que j'ay eu pour l'opération de 1744.

Je suis avec un très profond respect.....

BIBERON DE GARLAND.

A Sarlat, le 28 juillet 1745.

---

**LETTRE de Tourny à Estore, contrôleur au dixième dans l'élection de Périgueux, pour l'inviter à modérer son zèle à l'occasion de l'application de la circulaire.**

C. 1340. Minute.

Août 1745.

Votre zèle vous emporte, monsieur, au delà de ce dont vous charge la commission que je vous ay envoyée au sujet des nouvelles plantations de vignes; restreignez-vous, s'il vous plaît, et ne faites point imprimer la lettre circulaire dont vous m'avez adressé le projet pour les sindics et collecteurs de l'élection de Périgueux. Quoy que cette lettre ne contienne en elle-même rien de mal, je veux d'autant moins qu'elle y soit répandue que l'élection de Périgueux est celle où je compte, pour bien des raisons, avoir plus de tolérance sur les nouvelles plantations de vignes, D'ailleurs, en mesme temps que je vous demande les éclaircissements portés dans votre commission, à fur et mesure que votre travail de dixième vous portera dans des paroisses et non autrement, vous n'êtes pas le seul que je charge de l'exécution de mes idées sur la matière.

Je suis, monsieur, entièrement à vous [1].

1. La lettre d'Estore à Tourny est datée de Bourdeilles, 4 août 1745.

**LETTRE de Tourny à Dubreuil, contrôleur au dixième, datée de Parentis.**

C. 1340. Minute.

Août 1745.

J'ay reçu, monsieur, votre lettre du 12 de ce mois, par laquelle vous m'informés de votre besogne, tant par raport au dixième qu'aux nouveaux plans de vigne, dans la partie du Médoc où vous êtes actuellement. Ce n'est pas sur des objets aussi petits que ceux dont vous me parlez que je compte faire tomber des punitions.

Je suis, monsieur, entièrement à vous.

---

**LETTRE de Tourny à Dubreuil, contrôleur au dixième.**

C. 1340. Minute.

Novembre 1745.

Je prends beaucoup de part, monsieur, à la maladie que vous avez, et je souhaite que vous en sortiez guéri.

Vous me faites au sujet des nouvelles plantations de vignes des questions tout à fait inutiles. Il ne s'agit pas de votre part de sçavoir dans quel cas je prononceray des condamnations d'amende, mais seulement de vous informer, dans les paroisses où votre contrôle du dixième vous donnera occasion de travailler, quelles sont les plantations qui y ont été faites depuis cinq ans, d'en former un état aussi détaillé que la matière vous le pourra permettre.

Je suis, monsieur, votre très humble et très affectionné [1].

1. La lettre de Dubreuil est datée de Libourne, 29 octobre 1745.

**LETTRE du maréchal duc de Biron à Tourny lui demandant de traiter favorablement les habitants de ses terres de Badefol et de Montferrand[1].**

C. 1340.

18 novembre 1745.

Il y a quelque tems, monsieur, que les habitans de mes terres de Badefol et Montferrand m'ont envoyé la copie d'une requête qu'ils vouloient vous présenter. . . au sujet des bruits. . . que vous alliés donner des ordres pour qu'on arrachât toutes les vignes qui ont esté plantées depuis quatre ou cinq années, et ils m'ont prié de m'intéresser auprès de vous en leur faveur, pour que vous eussiés la bonté de les traitter favorablement. Je sçay, en général, qu'il est deffendu de planter des vignes, mais j'ignore quelle est la conduite que doit tenir le propriétaire d'un héritage qui n'est propre à autre chose qu'à estre planté en vigne, pour parvenir à obtenir la permission de le planter ; ce qui fait que je suis fort peu en état de juger si les demandes qu'ils vous font, sont raisonnables ou non, Mais vous, monsieur, qui, d'un costé, avés ces ordonnances sous les yeux, et qui, de l'autre, n'avés pour objet que le bien et l'avantage des contribuables aux tailles de votre généralité, en lisant cette requeste, comprendrés aisément ce que vous pouvés avoir à ce sujet et procurer en même tems à ces habitans les avantages que le Conseil a eu en vue de donner au commerce, lorsqu'il a fait les deffenses en question. Je m'en raporte entièrement à vous sur cela, et j'écris aux officiers de ma terre de Badefol d'inspirer aux autres habitans la même confiance.

J'ay l'honneur d'être plus que personne du monde, monsieur, votre très humble et très affectionné serviteur.

LE M$^{al}$ DUC DE BIRON.

1. Badefol et Montferrand faisaient partie du duché de Biron, dans la subdélégation de Sarlat.

**LETTRE de Tourny au maréchal duc de Biron, en réponse à sa lettre du 18 novembre.**

C. 1340. Minute.

27 novembre 1745.

Monseigneur le maréchal duc de Biron.

Monseigneur,

Il me paroît sur la requête des habitans de vos terres de Badefol et de Montferrand que vous avez pris la peine de me renvoier, le 18 de ce mois, qu'ils ont beaucoup plus de peur qu'on ne leur veut faire de mal. La plantation des vignes est venue dans la Guienne, malgré les deffenses réitérées qui ont été publiées, à un excès nuisible pour l'Etat, ainsi que pour chaque particulier. Comme j'ay, Monseigneur, envie de tenir la main à ce que du moins cet excès n'augmente pas davantage, je fais prendre dans chaque paroisse un état des vignes plantées depuis cinq ans sans permission. Ceux qui sont dans ce cas craignent l'amende prononcée par les arrêts du Conseil, ou au moins l'arrachement de leurs plantations nouvelles. Voilà le sujet de la requête en question. Je feray quelques exemples, par cy par là, pour retirer dans l'avenir ; mais il n'y aura pas de domage, et j'auroy surtout, Monseigneur, une attention aussi particulière que favorable pour les habitans de vos terres, d'autant que, dans le canton de celles dont il s'agit, la vigne dure peu et a besoin d'être renouveller d'un terrain à un autre ; au moïen de quoy j'y accorderay mesme des permissions, lorsqu'il y aura lieu.

J'ay l'honneur d'être avec un profond respect, Monseigneur. . .

**MÉMOIRE sommaire sur le projet de faire arracher des vignes dans la province de Guienne, par M. Sarrau de Boynet[1].**

Bibliothèque municipale de Bordeaux. Manuscrits de l'Académie, n° 16, mémoire n° 5.

1745 ?

Le projet de retrancher une partie des vignes de la province de Guyenne n'est pas nouveau. Il fut proposé peu de temps après l'année 1720, dès qu'on s'aperçeut de la grande multiplicité des vignes ; on l'a laissé tomber lorsque les ventes de vin ont été faciles et riches ; quand elles ont manqué ou quelles ont été pauvres, on l'a fait revivre. Ce dernier cas est celuy où nous nous trouvons présentement.

Ce projet forme une question sur laquelle on ne s'accordera jamais, tant qu'on ne cherchera pas à la mettre sous son véritable jour.

Si l'on se laisse prévenir par des intérêts personnels, si on entre dans des détails peu importants par rapport à l'objet principal, et que l'on s'arrête à des circonstances qui ne passent pas l'étendue de la province, on n'y trouvera que de l'incertitude et de la confusion. Mais, si on s'attache à des principes certains, si on embrasse le système en grand du commerce des vins tel qu'il est à présent, et que l'on pèse les conséquences qui pourroient résulter d'une opération forcée sur les vignes, on parviendra au vray point de la décision et on se déterminera pour la bonne cause.

Il se consomme une certaine quantité de vins en Europe, soit par ceux qu'on y boit, soit par ceux qu'on envoye dans les colonies de l'Amérique, ou qui servent à la provision des vaisseaux de guerre et de ceux qui vont aux Indes Orientales. Les vins de la province de Guyenne ne sont qu'une partie de ceux qui sont nécessaires pour ces objets ; si on en diminuait la quantité au point d'en faire sentir la disette, on verrait bientôt que les autres provinces du royaume et les pays étrangers multiplieraient de nouveau leurs vignes, et, par là, rendraient inutile la suppression qu'on aurait faite d'une partie de

1. Divers passages de ce mémoire nous font penser qu'il a été publié vers 1745.

celles de cette province. On en a vu l'exemple par l'effet que produisit l'arrêt du Conseil qui parut en 1725, portant deffense de faire de nouvelles complantations dans la Guyenne. Le Quercy, le Languedoc, la Saintonge, le pays d'Aunis et le Poictou couvrirent aussitôt leurs terres à blé de nouveaux vignobles. L'Espagne et le Portugal en firent de même ; et les Anglais envoyèrent des hommes à Lisbonne qui apprirent aux Portugais à faire le vin à la manière des François.

On ne peut profiter de la diminution d'une denrée que quand on la possède en seul. Alors, il convient, si on la trouve trop abondante, de n'en mettre dans le commerce que la quantité qui peut se consommer, pour en soutenir le prix. Cette raison engage les Hollandais, seuls possesseurs de la canelle, du girofle et de la noix muscade, de n'en faire porter en Europe que ce qu'il en faut pour la consommation ordinaire. Par ce moyen, ils en soutiennent toujours la mesme valleur. Mais ils n'ont jamais pensé à diminuer la culture des arbres qui produisent ces denrées. Ils préfèrent d'en faire brûler et jetter dans la mer une partie, quand la récolte en a été trop abondante. Ces mesmes Hollandais n'agissent pas ainsi à l'égard des marchandises des Indes qui les mettent en concours avec les autres nations ; ils en font venir autant qu'il leur est possible, comme du poivre, du thé, des étofes, des porceleines, etc. Les Anglais, qui se trouvent souvent surchargés d'une trop grande quantité de bleds, ne se sont jamais advisés d'en vouloir diminuer la culture ; mais ils ont toujours eu une attention particulière d'en encourager le commerce. Dans cette vue, l'Etat paye un droit de sortie au négociant qui charge des grains pour les pays étrangers. Par quelle raison de préférence, les vins de cette province seroient-ils la seule denrée dont il fallut retrancher une partie par la racine?

Il est vrai que, depuis 1709, on a considérablement multiplié les vignes de la haute et basse Guyenne, que, par là, les frais de culture et des barriques ont grossi à un point excessif, que les avances qu'il faut faire avant de recueillir mettent plusieurs propriétaires dans la nécessité de s'engager souvent dans de mauvaises affaires, que les ventes sont devenues difficiles, que les marchands s'en prévalent pour ne payer qu'après de longs termes, sans qu'on ose les presser comme d'autres débiteurs par des actes de justice. Mais il est vray qu'en temps de paix, lorsque le commerce a été libre et que les vins se sont trouvés de bonne qualité, leur prix a été assez fort pour faire supporter tous ces inconvénients. Le temps n'est pas éloigné où l'on a vu la province dans un état florissant malgré l'augmentation des vignes. Est-il raisonnable de juger la chose par l'état présent de cette province, accablée de quatre années de malheurs consécutifs, qu'on ne peut attribuer qu'au dérangement des saisons, en dernier lieu au désordre de la guerre ?

L'augmentation des vignes peut dans un sens être envisagée comme utile au bien public par la multitude des hommes qu'elle fait vivre, et surtout par le grand nombre de manœuvriers estrangers qu'elle attire pour les travaux ordinaires et les vendanges aux environs de Bordeaux, où ils augmentent le débit de plusieurs sortes de marchandises et des denrées nécessaires à la vie.

La consommation des vins a plus augmenté qu'à proportion de leur multiplication. Avant l'année 1709, quand les récoltes étoient abondantes, on les a vu souvent sans demande, et les petits vins se sont donnés quelques fois à un écu la barrique ; depuis cette époque, les prix des grands vins ont toujours plus que triplé dans les bonnes années, et ceux des autres vins à proportion.

La quantité des vins qui se chargent dans la rivière de Bordeaux pour l'Amérique, pour l'étranger, pour les côtes de France, de ceux qui se convertissent en eau-de-vie et en vinaigre, et de ceux qui se consomment dans la ville et dans la province, surpasse le nombre de cent soixante mille tonneaux.

Si on ne recueille, année ordinaire, qu'à peu près cette quantité de vin, il n'en restera que très peu pour l'année suivante. On l'a vu souvent, lorsque les vins étaient bons et que le commerce était libre. Mais le contraire arrive, quand les vins se trouvent de mauvaise qualité et que les cargaisons sont interrompues. Cependant le bas prix où ils tombent alors augmente considérablement les consommations de la province, de la Bretagne et de la Baltique ; ce qui supplée en partie au deffaut du commerce avec les Anglais et les Hollandois, qui, dans ce cas, vont se pourvoir ailleurs.

En 1720, année d'une prodigieuse abondance de vin et d'une qualité médiocre, le prix en fut d'abord très bas, tant en gros qu'en détail; ensuite, il haussa de plus de moitié, avant la récolte de 1721, tant à cause de la consommation extraordinaire que de la disette qu'on prévoyait. Et cela doit toujours arriver si des circonstances de temps ne s'y opposent pas. Il est certain qu'on ne voit presque jamais deux années abondantes de suite. La vigne, comme les autres arbres fruitiers, a des alternatives de grandes et de petites récoltes, sans y comprendre les cas fortuits auxquels elle est sujete.

L'expérience nous a quelques fois apris qu'il reste plus de vin à vendre après des récoltes disetteuses qu'après des récoltes abondantes, toutes choses égales. Cela ne peut venir que des prix excessifs que les propriétaires veulent exiger pour se dédommager de la disette. Alors, il ne s'en achepte que pour l'absolue nécessitée; celuy qui reste devient pour ainsi dire superflu, jusques à ce qu'on l'abandonne à un prix ordinaire.

Un retranchement considérable de nos vins causerait une diminution proportionnée des cargaisons qui se font pour la Bretagne, la Normandie, la Picardie et même pour la mer Baltique. Ces pays ne prennent une certaine quantité de vins qu'autant qu'ils sont à un prix modéré; c'est pour cela qu'on ne leur envoye que de l'espèce la plus commune.

Le commerce des colonies ne se ferait plus avec le même advantage. Le vin fait le plus fort article des armements pour l'Amérique. S'il était toujours à un haut prix, il serait trop risqueux de les entreprendre; le prix de nos vins ne se règle pas aux isles françaises sur celuy qu'il a coûté à l'armateur: c'est l'arrivée de plus ou de moins de navires à la fois qui en fait la différence. Si les ventes de vin à perte y devenaient fréquentes, comment pourrait-on en soutenir le commerce? Il ne pourrait plus se faire avec advantage que par les ports de Marseille et de Cette, avec des vins de Provence et du Bas-Languedoc.

Il serait difficile, si on prenoit le parti de retrancher des vignes, surtout dans la sénéchaussée de Bordeaux, de déterminer celles qu'il conviendrait de faire arracher pour substituer en leur place quelque autre genre de revenu utile au particulier et au bien public.

Les palus ont des terres propres à donner des grains et des fourrages, mais ce sont les seules terres qui peuvent produire des vins capables de supporter des voyages de long cours par leur dureté et leur forte couleur. Mesme la quantité des vins n'a pas augmenté, malgré les nouvelles complantations, depuis qu'on y a supprimé les gros cépages, qui rendoient le double au moins de vin de plus que le Verdot, qu'on a substitué à leur place.

Les graves de Médoc et de Bordeaux, une partie des coteaux d'Entre-deux-mers, les terres en général de sable et de caillou ne sont presque bonnes qu'à la culture des vignes ; on y pourroit seulement semer des bois. Mais, outre que ces lieux produisent des vins propres à leur destination, il conviendrait mieux de placer les bois dans les endroits plus éloignés du commerce que les vins, et voisins des rivières où elles commencent à n'être plus navigables pour les batteaux, mais avec assez d'eau pour y faire flotter le bois.

La terre ne nous manque pas ; et, si on n'avoit pas négligé de rétablir les forêts qui ont été détruites à certaine distance de Bordeaux, les bois de construction et de chauffage y seraient communs comme autrefois, malgré le progrès du luxe et l'augmentation du nombre de ses habitants.

Les bois de haute futaye dispersés dans chaque bien de campagne causeraient un dommage considérable aux vignes et aux terres labourables de leur voisinage. Les bois taillis doivent être d'une grande étendue pour être partagés en plusieurs coupes, sans quoy ils ne donneroient du revenu tout au plus que de sept en sept ans.

A l'égard des terres à bled et des pâturages, on peut dire que notre province n'en manque pas absolument pour ses besoins. Peut-on regarder comme un deffaut local que la ville de Bordeaux soit obligée de tirer d'ailleurs une partie des chairs et des farines nécessaires pour son commerce maritime, mesme des bois de merrain et de charpente? L'Angleterre seule paye en argent les vins qu'elle achète ; mais les autres pays ne les prennent presque qu'en échange de leurs marchandises.

Cependant, si on jugeoit à propos de multiplier les terres labourables, les pâturages et les bois dans cette province, il serait facile de le faire par les desséchements de plusieurs marais, d'une étendue immense, qui restent incultes sous des eaux croupissantes, et qui ne servent qu'à rendre l'air malsain dans les campagnes voisines, comme on l'éprouve dans le Médoc et dans le pays d'Ambez.

Le deffaut des grains se fait bien plus sentir dans le haut pays et dans le Languedoc, depuis qu'on y a complanté en vignes une partie des terres à bled. Au lieu que, autrefois, ils faisaient descendre leurs grains au port de Bordeaux pour s'en deffaire, ils se trouvent souvent dans la nécessité d'en faire venir en remontant la rivière pour leur subsistance, leur situation ne leur permettant pas d'en tirer comme nous de l'étranger. Les bleds fesoient leur richesse; leurs vins feront bientôt leur misère, pour les frais immenses des transports, des péages, des coulages et des droits de commission. Ils n'ont pu trouver leur advantage que dans quelques années malheureuses, où la mauvaise qualité de nos vins a facilité la vente des leurs à un prix excessif. Quand cette ressource leur manquera, ils seront obligés de laisser périr leurs vignes. Ce remède si naturel se fera insensiblement de luy-même dans tous les lieux où les vignes deviendront à charge.

Ceux qui réclament l'autorité souveraine pour faire arracher des vignes, ont-ils réfléchi sur le trouble que cette violence mettrait dans l'ordre des biens de la campagne? Chaque père de famille s'aplique à employer son champ à l'espèce de culture qu'il trouve la plus advantageuse pour luy et pour ses enfants. Si on le forceoit à détruire des récoltes préparées à grands frais depuis longtemps et à changer la destination de sa terre, dans quelle incertitude ne tomberait-il pas? Hazardera-t-il de nouveaux établissements qu'il craindra de perdre quand il sera prest d'en recueillir le fruit?

Une autre réflexion à faire et qui mérite une attention sérieuse, c'est le désordre qu'une telle résolution jetteroit dans les familles où il est entré des biens de la nouvelle complantation par des légitimes, des contrats de mariage, des partages d'hérédité, des échanges, enfin par toutes les autres manières légales d'acquérir. Ce qui s'est fait sur la foy publique et selon le droit le plus naturel deviendra-t-il une source inépuisable de procès?

On pourrait adjouter bien d'autres raisons en faveur de la conservation des vignes de la généralité de Bordeaux dans l'état où elles sont ; mais on les trouvera solidement établies, pour ce qui concerne celles de la Basse-Guyenne, dans le mémoire imprimé de cette ville, au sujet des entreprises du haut-pays et du Languedoc contre les privilèges.

---

**COMMISSION de Tourny au sieur Copmartin, juge de Lamarque et de Beychevelle, de visiter les plantations de la paroisse de Sainte-Gèmes, en Médoc (Extrait).**

C. 1340.

2 juin 1748.

Sur ce qu'il nous a été représenté que, dans la paroisse de Sainte-Gèmes, en Médoc, il y a eu depuis dix-huit mois des plantations. . . de vignes, entre autres de la part du sieur de la Chennaye, sans aucune permission...

Nous avons commis le sieur Copmartin, juge de Lamarque et de Beychevelle, pour se transporter sur les lieux, et par un procès-verbal où il apellera les sindics et collecteurs de ladite paroisse. . . constater lesdites plantations, ensemble la nature des terrains. . .

Fait à Bordeaux, le 2 juin 1748.

AUBERT DE TOURNY.

Par monseigneur :

DUPIN DES LEZES.

---

**LETTRE de Dudézert à Tourny lui exposant la nécessité de sévir dans le Blayais.**

C. 1340.

4 juillet 1748.

Monseigneur,

J'ai l'honneur de vous envoyer la signification qui a esté faitte de vostre ordonnance au sieur de la Chenay et au nommé Seguin, sindic et collecteur de la paroisse Sainte-Gèmes. J'oserais, monseigneur, avoir l'honneur de vous dire qu'une semblable ordonnance seroit bien nécessaire pour ce pays icy, où on plante partout et sans permission, ce qui porte un préjudice essentiel. Les propriétaires coupent les bois qu'ils peuvent avoir pour faire faire des carassons, les arbres fruitiers parce qu'ils forment de l'ombrage à la vigne. Aussy, comme c'est un crime capital, monseigneur, dans ce pays icy, de s'opposer à la plantation des vignes, je vous supplie, si vous croyez que ce que j'ay l'honneur de vous représenter mérite vostre attention, de vouloir ne pas faire mention de moy.

J'ai l'honneur.....

Dudézert.

Blaye, ce 4e juillet 1748.

---

**SUPPLIQUE du sieur de la Chenay à Tourny au sujet de sa condamnation (Analyse).**

C. 1340.

Juillet 1748.

Pierre de Crau, sieur de la Chenay, écuyer, condamné par une ordonnance de Tourny, du 26 juin 1748, pour plantation faite sans permission, fait savoir : que ladite plantation a été effectuée en son absence ; que le terrain est en forme de croupe, et qu'il n'est bon ni convenable que pour la vigne ; que deux chemins publics ont été créés sur ces terres, et qu'il n'a demandé nul dédomagement du grand préjudice qu'ils lui ont causé. Il supplie Tourny de la décharger de l'amende de trois mille livres et de ne pas l'obliger à arracher les vignes plantées.

**SUPPLIQUE** du sieur Seguin à Tourny au sujet de sa condamnation (Extrait).

C. 1340.

Juillet 1748.

Supplie humblement Jean Seguin, collecteur de la parroisse de Sainte-Gèmes, disant qu'il n'a jamais connu les deffenses relatives aux complantemens de vignes. Il n'est point sindic de ladite parroisse : c'était le sieur Tessac qui est décédé ; il n'est que simple collecteur... Voulant satisfaire à votre dernière ordonnance, il a découvert que le sieur Chatillon, curé de ladite parroisse, a planté six *sadons* de vigne, en 1747... Plaise à Votre Grandeur de décharger le suppliant de l'amende portée par votre ordonnance du 26 juin.

**COMMISSION** de Tourny au sieur Duval à l'effet de dresser des procès-verbaux pour les vignes plantées sans permission, depuis cinq ans, dans le Médoc.

C. 1340. Minute.

14 juillet 1748.

Nous avons commis le sieur Duval Delaville pour se transporter dans les différentes parroisses du Médoc, à l'effet d'y prendre des mémoires et dresser des procès-verbaux des nouvelles plantations de vignes qui se trouveront y avoir été faites en contravention depuis cinq années, lesquels mémoires et procès-verbaux contiendront l'étendue et la qualité du terrain où lesdites plantations auront été faites, la dénomination des cantons où ces terrains seront situés, ensemble les noms des propriétaires, ceux des fermiers et métayers et l'année des plantations, A l'effet de quoy, ordonnons aux sindics et collecteurs en charge de fournir audit sieur Duval toutes les connaissances qu'il requerra d'eux sur l'objet de la présente commission, à peine par eux d'en demeurer responsables en leur propre et privé nom. Et où il y auroit incertitude, si lesdites plantations nouvelles auroient été faites avec permission ou sans permission, ordonner aux propriétaires de représenter audit sieur Duval celles qu'ils prétendront avoir, sur la réquisition qui leur en sera faite.

A Bordeaux, ce 14 juillet 1748.

---

**MANDAT de Tourny au sieur Duval, commissaire en Médoc, pour un mois de rétribution.**

C. 1340. Minute.

15 juillet 1748.

Le sieur Gallois, commis à la recette générale des finances, payera au sieur Duval la somme de soixante livres pour un mois d'apointement ou rétribution, à cause de la commission dont nous venons de le charger, à l'effet de dresser des procès-verbaux des nouvelles plantations de vignes faites en contravention aux ordres du Roy. De laquelle somme nous ferons faire le remplacement audit sieur Gallois.

Fait le 15 juillet 1748.

---

**LETTRE de Dasvin au sieur Duval lui accusant réception de procès-verbaux et lui recommandant d'en dresser d'autres, surtout à ceux qui ont effectué de grandes plantations.**

C. 1340. Minute.

5 août 1748.

M. l'Intendant a reçu, M., tous les procès-verbaux que vous luy avez envoyés des nouvelles plantations de vigne que vous avés découvertes avoir été faites en contravention aux arrêts du Conseil. Son intention est que vous continuez avec autant d'attention, d'exactitude que de vigilance vos recherches, en avertissant les sindics et collecteurs que, s'il est prouvé par la suite qu'ils ayent obmis de vous indiquer quelqu'une de ces nouvelles plantations, ils seront condamnés, sans espérance d'aucune grâce, à l'amende portée par les arrêts du Conseil. Vous ne ferés pas mal de prendre, comme vous avés déjà fait, des certificats des sindics et collecteurs. Il faut vous attacher surtout aux grandes plantations dont nous sommes informés icy qu'il y a eu beaucoup dans le Médoc. Vous m'adresserés vos procès-verbaux pendant l'absence de M. l'Intendant qui vient de partir pour Paris.

---

**MODÈLE des ordonnances de condamnations prononcées à la suite des procès-verbaux du sieur Duval.**

C. 1340.

Août 1748.

Louis Urbain Aubert, etc.....

Vu le procès-verbal dressé, en conséquence de nos ordres, par le sieur Duval, le 27 juillet dernier, duquel il résulte que le sieur..... a fait planter en vigne, ...

Ensemble les arrêts du Conseil rendus par M. Boucher.....

Nous condamnons ..... à faire arracher incessamment la vigne que ... fait planter en contravention aux ordres du Roy dans.... et, en outre, en trois mille livres d'amende. Condamnons pareillement le sindic de la paroisse de ... en exercice lors de la plantation, en deux cents livres d'amende, faute par luy de nous l'avoir dénoncée. Lesdites amendes payables es mains du sieur... par nous commis pour les recevoir et en rendre compte.

Fait à Bordeaux, ce .....

**SEPT condamnations (arrachement de la vigne et amendes de 3.000 livres au propriétaire et de 200 livres au sindic) prononcées par Tourny, le 18 août 1748, à la suite des procès-verbaux du sieur Duval pour plantations faites sans permission.**

C. 1340.

18 août 1748.

| Nos | Date du procès-verbal. | Nom du délinquant. | Lieu de la plantation. | Quantité de vignes plantées. | Nom du syndic. | Signification au propriétaire. | Signification au syndic. |
|---|---|---|---|---|---|---|---|
| 1 | 18 Juill. | DUMAS, md à Bordeaux | Blanquefort | 9 Journaux | Lambert | 27 Août | 19 Sept. |
| 2 | 19 — | DUBARDON | Blanquefort | 9 — | Pierre Girou dit Tronton | 27 — | 19 — |
| 3 | 27 — | GRELAT | Cantemerle | 3 — | Jean Talamain dit Pitus | 27 — | 18 — |
| 4 | 27 — | Arnault CAPEIS | Cantemerle | 4 — | Jean Toumas | 18 Sept. | 18 — |
| 5 | 28 — | DOUMÈRE à Bordeaux | Cantemerle | 8 — | | 28 Août | |
| 6 | 29 — | P. QUEYRON à Ludon | Cantemerle | 1 — | Jean Toumas | 18 Sept. | 18 — |
| 7 | 29 — | Jean DEJEAN | Cantemerle | 1 — | Jean Talamain | 18 — | 18 — |

**SIX condamnations (arrachement de la vigne et amendes de 3.000 livres au propriétaire et de 200 livres au sindic) prononcées par Tourny, le 28 août 1748, à la suite des procès-verbaux du sieur Duval pour plantations faites sans permission.**

C. 1340.

28 août 1748.

| Nos | Date des procès-verbaux. | Nom du délinquant. | Lieu de la plantation. | Surface plantée. | Nom des syndics. | Signification au propriétaire. | Signification au syndic. |
|---|---|---|---|---|---|---|---|
| 1 | 2 Août | DE GASCQ | Cantenac | 10 Journaux | Lalanne | 6 Sept. | 17 — |
| 2 | 3 — | BENOIST, négt à Bordeaux | Cantenac | 100 — | Lalanne | 6 — | 17 — |
| 3 | 3 — | OWOILE, négt à Bordeaux | Cantenac | 2 — | Lalanne | 13 — | 17 — |
| 4 | 5 — | P. LANGA Margau | Margaux | 1 — | Jean Loin | 17 — | 17 — |
| 5 | 11 — | P. DONAT | Soussans | 4 — | P. Bacque | 15 — | 15 — |
| 6 | 16 — | P. TAPY | Castelnau | 4 — | J. Ugon | 15 — | 15 — |

**SUPPLIQUES à Tourny des sieurs de Gascq, Renault Grelat et Dumas au sujet de leur condamnation (Analyse).**

C. 1340

Septembre 1748. — Supplie, Charles de Gascq, écuyer,... a été surpris de se voir compris dans les procès verbaux... d'autant plus qu'il n'avoit jamais cru contrevenir aux défenses.. en complantant dix journaux de terre en vignes, dans un fonds qui luy a été échu par un partage de gentilshommes, entre lui et ses frères, de biens qu'ils ont eus de leur mère, terres en friche, arides et incultes de temps immémorial, dans lesquelles même le blé ne viendrait qu'à force de secours... Il n'a fait ledit complantement que pour remplacer une pièce de vigne dans laquelle il a fait bâtir une maison.. « Il est vray qu'il a planté sans être nanty de permission... il avait cru n'en avoir pas besoin, dès le moment qu'il a arraché pour complanter, toute compensation faite, à peu près la même valeur ».

Il sollicite d'être déchargé de l'amande et d'être autorisé à conserver ses vignes.

Septembre 1748. — Supplie Renault Grelat, procureur au Parlement, propriétaire à Cantemerle « il ignorait les arrêts de défenses et il est obligé d'achepter tous les ans du breuvage pour la boisson des gens qui cultivent ses terres. ». Il a commencé, dès l'année dernière, à faire arracher une ancienne pièce de vigne située à Cantemerle. De plus, il possède, dans la paroisse de Gradignan, un bourdieu qui vient d'être traversé par un nouveau chemin ; ce qui a enlevé audit bourdieu plus de six journaux de fonds et de bonnes vignes. « Il compte sur la justice de Tourny, ayant fait une perte aussy considérable dans le bourdieu de Gradignan, dont le vin est d'une valeur bien plus considérable que celuy que pourroit produire le fonds qu'il a complanté, et duquel il ne pourroit même espérer de récolter que dans dix ans. »

Avril 1749. Supplie Bertrand Dumas, négociant..., il possède un bien dans la paroisse de Blanquefort... il a été condamné, le 18 août 1748, à faire arracher la vigne qu'il a fait planter depuis cinq ans aux contraventions des ordres du Roy, et, en outre, à trois mille livres d'amende.

Cette condamnation est le résultat d'une erreur : la vigne en question était plantée depuis plus de cinq ans. Le suppliant fourni un certificat du 11 novembre dernier, donné par M. l'abbé de Secondat, doyen du chapitre de Saint-Seurin et chapelain de Saint-Aon, où il est établi qu'en cette dernière qualité le supliant lui a payé la dixme du territoire de sa chapelle de Saint-Aon, située en la paroisse de Blanquefort. Le supliant paye cette dixme depuis quatre ans, ce qui est une preuve que le complan de la vigne est de dix ans, parcequ'il est de règle que la dixme ne peut être exigée que la sixième année de la plantation... Ce qui d'ailleurs est au vû et sû de toute la paroisse de Blanquefort dont les principaux lieutenants le doyen de Saint-Seurin, le président Lecomte, de Gauffreteau, de Mauriau, d'Hostené, Barada, et Berninet, sindic) ont donné l'attestation ci-jointe, en date du 30 mars dernier. Le suppliant n'a fait faire, depuis 5 ans, que des remplacements inévitables dans toutes vignes.

« Il vous plaise de votre grâce... le relaxer de la condamnation. »

---

**SUPPLIQUES à Tourny des sieurs Talamin, de Ludon, et Lambert de Blanquefort, condamnés en leur qualité de syndics (Analyse).**

C. 1340.

---

20 septembre 1748.

Supplie Jean Talamin, tonnelier, habitant de la paroisse de Ludon... de le décharger des amendes de deux cents livres prononcées contre lui, le 18 août 1748, l'une à l'occasion de la vigne du sieur Grelat, et l'autre pour celle de Jean de Jean.

« Le supliant n'a esté nommé syndic que le 16 avril 1747; les vignes en question estoient alors plantées, puisque les verbaux les font depuis un an passé ; doncques le supliant n'était pas en exercice, parce que les vignes se plantent avant le mois d'avril. »

Supplie Raymond Lambert, habitant de Blanquefort, condamné par ordonnance du 18 août 1748, à deux cents livres d'amende en qualité de syndic « qu'on luy attribue mal à propos, parcequ'il ne l'a point été, ny n'en a fait les fonctions »... Dans la paroisse de Blanquefort, il n'a jamais été d'usage d'y avoir des syndics des collecteurs que depuis l'année 1745 ; c'est en exécution de votre ordonnance que Pierre Guiraud fut nommé et reçeu sindic des collecteurs, il y a 3 ans. »

« Avant cette création, il étoit d'usage que le premier et principal collecteur, des cinq qui étoient annuellement, remplissait la charge de sindic des collecteurs, ... tous les arrêts et ordonnances qui étoient envoyées dans ladite paroisse luy étoient adressées pour en faire la publication ou les metre à exécution sy le cas l'exigeoit ; par conséquent, le supliant ne doit pas être mis à l'amende comme contrevenant aux arrêts du conseil, attandeu qu'il n'en a jamais eu connaissance. »

« Ce qui prouve les faits ci-dessus, c'est qu'en 1746, en verteu d'une ordonnance de Vostre Grandeur, les collecteurs firent une déclaration de toutes les nouvelles complantations de vigne qui étoient faites dans ladite paroisse, laquelle déclaration ils remirent en main du sieur Molineau, commis de M. Sorlus, subdélégué de Votre Grandeur; que dans icelle la pièce de Clapeaux, appartenant au sieur Dumas, et pour laquelle pièce le suppliant a été condamné à l'amande, y est énoncée selon le raport que lesdits collecteurs, lors en charge, en ont fait au suppliant verbalement.. »

En conséquence, le décharger de l'amende portée par votre ordonnance du 18 août, signifiée le 19 du courant.

---

**SUPPLIQUE des Jurats de Blaye à Tourny pour implorer sa clémence en faveur des particuliers qui ont planté des vignes dans le Blayais.**

C. 1340.

---

24 septembre 1748.

Monseigneur,

L'intérêt que nous prenons, et que nous nous croyons obligés de prendre, pour ce qui regarde les habitans de cette ville et des paroisses du pays de Blaye, nous oblige de prendre la liberté de faire à Votre Grandeur de très humbles remontrances, comme nous avons eu l'honneur de luy faire autresfois sur le mesme sujet.

C'est, monseigneur; en ce qui concerne vos nouveaux ordres par raport aux complants de vigne depuis cinq ans ; à l'occasion de quoy, Votre Grandeur a délégué un commissaire qui fait actuellement sa visite et que nous avons accompagné dans notre district.

Il est de fait que les paroisses qui composent cette jurisdiction ne produisent en général que du vin pour principal revenu ; ainsi, il n'est pas possible que le nombre des nouveaux complants soit considérable, parce que, les fonds étant originairement en vigne, la quantité n'en peut par conséquent estre beaucoup augmentée ; et, s'il est arrivé, comme en effet, que quelques modiques parcelles ayent esté nouvellement complantées, l'on ne peut sainement en attribuer le retardement qu'au peu de facultés des propriétaires, qui ne leur ont pas permis de le faire plutost. Car nous avons l'honneur, monseigneur, de certifier à Votre Grandeur, sans craindre de ne rien hazarder, qu'il n'est pas de terrain dans tout ce pays, excepté le quartier des landes, qui soit absolument convenable à aucune espèce de revenu qu'en vigne, tant il est sec et aride par la quantité de pierre, chapte et rochers dont les fonds sont absorbés.

Le pays est extrêmement peuplé, eu égard à son peu d'étendue ; et la pluspart des habitants sont gens de journée qui ne trouvent à gagner leur vie qu'à faveur de travaux continuels qu'on est obligé de faire pour cultiver les vignes, qui se font toutes à bras. Tel particulier, qui a son peu de bien en vigne, trouve par ses soins et ses travaux quelque revenu pour vivre et payer ses charges ; si ce mesme bien est cultivé en terre, il ne trouvera presque plus rien, estant notoire que la plupart du tems les terres sont ensemensés en vain, surtout lorsque les années se rencontrent sèches.

Ce sont, monseigneur, les motifs qui nous engagent de suplier Votre Grandeur d'avoir égard aux très humbles représentations que nous continuons d'avoir l'honneur de luy faire en faveur des habitans de ce lieu, afin que touché de leur estat malheureux, chargés d'impôts, de courvées, de gens de guerre et de toute espèce de charges publiques — les plus aizés dans l'impuissance de se libérer de leur taille, tant la succession des années de disette les oprime — vous ne fassiez pas sévir contre eux la rigueur les édits de Sa Majesté et de voir ordonnancer au sujet de la plantation des vignes. On a eu grand tort, il est vray, de se licentier à l'entreprendre au préjudice des deffenses ; mais, monseigneur, tel qui a un mauvais terrain et qui ne peut produire qu'en vigne, ne seroit-il pas excusable de se procurer quelque revenu d'un fonds pour lequel il supporte des charges, souvent fortes en droits seigneuriaux, plutost que de n'en rien retirer? Dans les pays spacieux, où les parroisses ont des communaux sur lesquels on a la faculté de tenir des bestiaux, cela fait une ressource ; les bestiaux produisant par eux-mêmes, ils font des engrais qui bonifient les fonds. Mais, dans celuy-ci, où il n'est pas question du moindre paccage, et où chacun doit se tenir à sa petite espace de terrain, la chose n'est pas possible. S'il y a quelque vuide, ce ne peut servir qu'en vigne ; et si maintenant il falloit la détruire et payer la peine, quelle ruine ne s'ensuiveuroit-il pas contre les pauvres particuliers qui seroient dans le cas, et combien de familles à la mendicité !

Voilà, monseigneur, ce que nostre estat exige de votre zèle pour un peuple auquel nous devons des attentions, et qui réclame par notre ministère la protection et la charité de Votre Grandeur.

Nous avons l'honneur d'être, etc. . .

Labat, jurat, Bignon, jurat, Modelet, jurat, N. . ., jurat . . . Morin, procureur du Roy en l'hôtel de ville.

Blaye, le 24 septembre 1748.

**LETTRE de Duval, commissaire du Médoc, à Dasvin, après sa visite dans quatre paroisses du Blayais.**

C. 1340.

25 septembre 1748.

Monsieur,

Je vous prie de ne pas croire que ce soit par négligence si j'ay tant tardé à avoir l'honneur de vous donner de mes nouvelles au sujet des opérations des vignes. La pluie qui n'a pas discontinué pendant quatre ou cinq jours dans le Blayès, en est la seule cause. J'ay l'honneur de vous envoyer quatre paquets de quatre parroisses que j'ay expédié. Soyés persuadé de ma vigilance et que j'ay l'honneur d'être ...

Duval.

A Saint-Martin-Dufour, ce 25 septembre 1748.

**SUPPLIQUE de Daulède de Pardaillan à Tourny, pour se justifier d'avoir planté des vignes dans la paroisse de Cars, en Blayais**

C. 1340.

27 septembre 1748.

Supplie humblement Louis de Daulède, chevalier, écuyer, seigneur de Pardaillan, disant que, depuis trois ou quatre ans, il luy fut pris, dans la paroisse de Cars, en Blayés, quatre journaux un quart de vigne, terre et jardin, dépendant de son bien de Fonbertou, pour former partie du chemin royal de Blaye à Libourne ; et que, pour se dédommager de l'enlèvement desdites vignes, n'ayant eu aucune sorte d'indemnité, il avoit cru être en droit de complanter trois journaux de vigne dans une terre en chaume.

Le suppliant demeure averti qu'il y a eu des arrêts du Conseil qui enjoignent à tous particuliers d'arracher les vignes plantés depuis cinq ans, et que Tourny a rendu son ordonnance en conséquence.

Il joint à sa supplique un procès-verbal du sieur Michaud, notaire royal à Blaye, établissant la vérité des faits, procès-verbal contresigné, du reste, par le sindic de la paroisse de Cars; il joint, en outre, un certificat d'arpentage du sieur Rousset, constatant que le chemin de Blaye à Libourne lui a pris à 4 journaux, 17 carraux de terrain.

La supplique de M. Daulède est contresignée par l'abbé Brad, curé de Cars.

**LETTRE du commissaire Duval à Dasvin au sujet du mécontentement public provoqué par les opérations dans le Blayais.**

C. 1340.

30 septembre 1748.

Monsieur,

J'ai l'honneur de vous assurer de mes respects et de vous prier de ne vouloir point me condamner avoir omis des plaintes volontairement sans en sçavoir la vérité. Il n'est pas douteux que, s'il y en a eu du caché dans la tournée que j'ay fait, ce ne sera point, au dire des sindics et collecteurs, leur faute. Mais je vous supplie de faire attention à la précaution que je prends pour me mettre à l'abry de ceux qui pourroient être mal intentionné à mon sujet. Cela est si vray que nul sindic ny collecteurs ne signent ny état ny certifficat sans avoir pris lecture de ce que j'ay fait. J'auray l'honneur de vous dire plus : j'auray regardé comme un prodige si, travaillant pour ou contre le public, j'eusse été à son gré et s'il n'y eut pas eû des plaintes portées contre moy. Je vous prie de les prendre toutes et de croire que j'auray plus de droit et d'avantage à les parer que n'ont d'ésance et de facilité les particuliers à les faire. Ce qui me console le plus, c'est que j'ay fais la tournée en présance du sieur Eyrem, notaire et juge de Soussans, lequel je crois assés honette homme pour ne déposer que de la vérité. C'est ce dont je vous prie d'être persuadé et que j'ay l'honneur d'être, avec une parfaite considération, Monsieur, etc.

DUVAL.

Générac, ce 30 septembre 1748.

Si vous aviez, monsieur, quelque chose de particulier à me faire sçavoir, je vous supplie de l'adresser à M. Dudézert subdélégué, qui me le fera tenir tant que je seray dans le Blayès.

**LETTRE du commissaire Duval à Dasvin, au sujet de ses opérations dans le Blayais.**

C. 1340.

1 octobre 1748.

Monsieur,

J'ay l'honneur de vous prévenir que le sieur Maurin, sindic de la ville de Blaye, possède une assès grande quantité de plantes dans la parroisse de Saint-Romain, de laquelle je n'ay point fait de procès-verbal. Ledit sieur Maurin et les Jurats m'ayant soutenu fermement qu'elle n'étoit point dans le cas, ayant plus de six ans. Cela est d'autant plus aprouvé qu'ils ont signé le certificat et l'état.

Le sieur Dufrêne, marchand de Blaye, est dans le même cas. De plus, dans la paroisse de Saint-Genest, où j'ay fait une tournée, on m'avait caché une partie de ses plantes que j'ay repris et dont j'ay fait le procès verbal, de façon que celuy que je vous ay envoyé, au numéro 373, n'est plus d'aucune valeur. Vous trouverez ci-joint le nouveau, au même numéro 373, qui est le bon. Je vous suplie de rectifier dans le mémoire de ladite parroisse et, au lieu d'y laisser 2 1/2 journaux, d'y mettre 5 1/2 journaux.

Le sieur Maurin a de plus, dans la paroisse de Saint-Androny, la valeur de 15 à 16 journaux, plantés, depuis 8 à 9 ans, dans une métérie où j'ai fait procès-verbal de douze qui sont dans le cas. Je n'ay pas fait le procès-verbal, du reste, croyant qu'elles n'étoient point comprises dans la contravention.

Le sieur Bineau, son beau frère, dans la paroisse de Cartelègue, et le sieur Tailasson, dans la paroisse de Saint-Paul, sont dans le même cas pour des météries.

J'ai l'honneur d'être, etc.

DUVAL.

A Mazion, ce 1 octobre 1748.

**LETTRE de D'Ormesson à Tourny, lui envoyant la demande du comte de Durfort qui sollicite l'autorisation de planter 25 journaux de vignes, en Périgord.**

C. 1340

A Paris, ce 19 novembre 1748.

Monsieur,

M. le controlleur général m'a renvoyé le mémoire cy joint, qui lui a été remis par M. le duc de Duras, et par lequel M. le comte de Durfort demande qu'il lui soit permis de planter en vignes vingt-cinq journaux de terre, dans la paroisse de la Mothe, juridiction de Montravel, en Périgord. Vous sçavés que l'on a jugé très important de ne point multiplier les vignes dans les pays dépendans de la généralité de Bordeaux, mais que, sur les représentations faites par M. Boucher, votre prédecesseur, on lui marqua, en 1734, qu'il pouvoit donner la permission de planter des vignes en Périgord, dans le canton du Paréage, pour la consommation des habitans, et cela a été exécuté pour quelques uns de ceux qui ont demandé de semblables permissions.

Ainsi, si le canton de Montravel est dans le Paréage, M. le controlleur général aprouvera que vous donniés à M. le comte de Durfort la permission qu'il demande, si vous ne trouvés pas que 25 journaux ne soient pas une trop grande étendue de vignes pour un seul propriétaire ; et cette permission doit être particulière pour être ensuite autorisée par un arrêt du Conseil.

Je suis avec respect, monsieur, votre très humble et très obéissant serviteur.

D'ORMESSON.

Le 2 décembre 1748, Tourny informa d'Ormesson qu'il a écrit au comte de Durfort de lui adresser une requête au sujet de sa demande.

**LETTRE de Dasvin au commissaire Duval, au sujet de contraventions commises du côté de Sainte-Foy et de Bergerac.**

C. 1340. Minute.

8 décembre 1748.

J'ay reçu, Monsieur, avec votre lettre du 6 décembre, les procès verbaux et certificats y joints. M. l'Intendant, à qui j'ay rendu compte de ce que vous me marqués avoir apris que, du côté de Sainte Foy et de Bergerac, les particuliers qui avoient fait de nouvelles plantations de vignes prennent le party de les faire couper entre deux terres et de les labourer, souhaite que vous en dressiés également des procès-verbaux. Vous interpellerés à cet effet, lorsque vous serés sur les lieux, les sindics de vous dire s'il n'y avoit pas, dans leur paroisse, de nouvelles plantations qui ayent été coupées ; et, faute par eux de dire la vérité, ils seront condamnés à des amendes [1].

**LETTRE de Duval à Dasvin, lui demandant s'il doit se transporter à Bergerac et à Sainte-Foy avant d'avoir terminé dans le Libournais.**

C. 1340 (Minute).

10 janvier 1749.

Monsieur,

J'ay reçu l'honneur de la vôtre, en date du 9 du courant, par laquelle vous me marqués que vous me croyés à Sainte-Foy et Bergerac. Il auroit été impossible que, dans si peu de tems, j'eusse parcouru toutes les parroisses et cantons des vignes dont je vous ay envoyé les procès-verbaux. Mais, si vous jugés à propos que je m'y transporte, je suis tout prêt à suivre votre avis, et à faire la volonté de monsieur l'Intendant pour cet effet. J'attend, en continuant mes opérations dans Libourne et sa banlieu, l'honneur de votre réponce ; et, si elle est

1. La date de ce document est donnée par une mention inscrite sur une lettre de Duval, du 6 décembre 1748.

tele que je me transporte à Bergerac et Sainte-Foy, je commenceray par le plus éloigné païs que j'auray laissé....

En attendant l'honneur de votre réponce, j'ai celuy d'être, etc.

DUVAL.

A Libourne, ce 10 janvier 1749 [1].

---

**LETTRE d'Augi, propriétaire à Saint-Martin de Mazerat, à Dasvin lui demandant de faire visiter son terrain par le commissaire Duval avant qu'il ne se transporte dans le Périgord.**

C. 1340

---

10 janvier 1749.

Monsieur,

Comme j'ay eu le bonheur de rencontrer M. Duval icy, et qui m'a dit que vous luy aviés mandé de monter dans le Périgord. Cependant, après qu'il aura fait Fronsaq et la banlieu de Libourne, je vous serés bien obligé, si pourtan vous jugiés à propos, de le prier de visiter la paroisse de Saint-Martin-de-Mazerat qui touche laditte banlieu, où j'ay mon bien et le terrain en question. Peut-être que, sur son verbal, monseigneur l'Intendant se déterminerait. Ça seret plustôt fait que d'atendre à son retour qui m'a paru être fort long, car tous ces inconvénians sont mesme cause que je n'ause pas toucher à mes vieilles vignes, qui en vérité ont un besoing étonnan de réparations, fautte de la grande quantité de sep qui manque.

Enfin, je feray toujour ce que vous jugerés à propos ; en attendant ce plaisir de vous, j'ay l'honneur d'être, etc.

AUGI.

A Libourne, ce 10 janvier 1749.

J'aurés bien avoir voulu trouver quelque perdrix rouge pour vous marquer combien je suis sensible à tant de peine que vous prenés ; il

1. Dasvin lui fait répondre que, le 11 janvier, il doit se rendre sans déférer dans les cantons de Sainte-Foy et de Bergerac.

ne m'a été possible que d'en trouver que trois grise et une rouge, que le porteur vous remetra, que je vous serés obligé de recevoir.

[Au dos :] A monsieur Dasvin, secrétaire de l'Intendant, à l'Intendance, à Bordeaux.

---

**LETTRE du sieur Depons à Dasvin, lui recommandant la demande de mademoiselle de Théobon qui désire planter 20 journaux de vignes (Extrait).**

C. 1340.

22 janvier 1749.

Trouvés bon, monsieur, que ce soit par moy que mademoiselle de Théobon aye recours à vos bontés..... Sa terre de Puychagnt est située dans un païs où il y a de très mauvais fonds.... Le désir d'employer des gens qui mouroyent de fain, l'année passée, l'avoit déterminée à essayer sy la vigne voudroit y venir... Elle en fit complanter une partie dans le dessein d'achever le complantement de ses fonds ; ce qui feroit en tout à peu près vingt journaux. Sur le bruit qui court qu'il y a quelques ordres qui s'opposent, en général, au complantement des vignes,.. mademoiselle de Théobon, à laquelle je me joins, a l'honneur de vous supplier, monsieur, de luy estre favorable... Elle a crû que les deffances et permitions ne regardoyent que les fonds qui estoyent propres à d'autres usages....

DEPONS.

A Saucignac, ce 22 janvier 1749 [1].

---

**LETTRE du commissaire Duval à Dasvin, à son arrivée dans le vignoble de Bergerac.**

C. 1340.

17 janvier 1749.

Monsieur,

Je suis arrivé à Bergerac, comme vous m'aviés fait l'honneur de me le mander par votre lettre. Je compte trouver dans quelques parroisses

1. 27 janvier 1749. — Réponse de Dasvin qui cherche « à faire à ladite demoiselle tous les plaisirs qui pourront dépandre de lui. »

de l'ouvrage assés considérablement pour cet effet. Je vous supplie de me faire tenir quatre ou cinq mains de papier, et de me marquer si monsieur l'Intendant souhaite que je vériffie toutes les parroisses de la subdélégation de Bergerac où il se trouvera des vignes nouvellement complantées ; car il m'a semblé, par votre dernière lettre, que monsieur l'Intendant ne comprenoit que les banlieux des villes qui sont incérées dans ma commission. Les complantemans considérables, qui sont dans les pleines de Bergerac et Sainte-Foy où venoit le bled, sont faites depuis dix à douze ans. Aussitôt que j'auray un peu opéré dans le païs, j'auray l'honneur de vous donner avis. Je vous prie de vouloir, sous le paquet de M. Biran, subdélégué, me faire tenir une rescription pour un mois d'appointement, car les vivres sont si chers qu'à peine, avec toute mon économie, peuvent-ils suffir jusqu'à la fin du mois. Les bontés que monsieur l'Intendant a pour moy sont si grandes que je serois très mortiffié si je n'avois pas assés de bonheur pour le complanterau sujet des opérations dont il m'a chargé. Je vous prie, monsieur, de m'en donner avis afin que, par mon zèle et mon activité à ce travaile, je puisse mériter la continuité de ses bienfaits.

J'ai l'honneur d'être, etc.

DUVAL DELAVILE.

Laforce, près Bergerac, le 17 janvier 1749.

---

**LETTRE du commissaire Duval à Tourny, l'informant que le Procureur général n'a planté, depuis cinq ans, à Lasalargue, qu'un journal et demi de vignes (Extrait).**

C. 1310.

---

9 mars 1749.

Monseigneur,

Votre Grandeur m'ayant donné ordre de l'informer des nouvelles vignes que M. le Procureur général pouvoit avoir de plantées depuis cinq années, j'ay l'honneur de m'en acquitter en luy aprenant que, dans la paroisse de Saint-Mayme, il en a environ un journal et demy plantées depuis quatre ans dans le canton apellé Lasalargue, qui cy devant étoit, selon le raport des collecteurs, une terre en friche, composée de grave et située en pleine. C'est la seule nouvelle plantation qu'il ait fait dans toutes les paroisses où il possède du fond.

J'ay celuy d'être ...

DUVAL.

A Monbazillac, ce 9 mars 1749.

---

**LETTRE du curé Gergerès à de Tourny, lui demandant l'arrachement d'une partie des vignes de Cabara; sa portion congrue lui est servie uniquement en grains dont la quantité diminue chaque jour; si cela continue, il ne pourra rester dans la paroisse.**

C. 1340.

---

13 mars 1749.

Les paroissiens de Cabara-sur-Dordoignne viennent de vous présenter une requette tendant à une permission pour planter en vignne une partie de la paroisse. Je ne m'oppose point au bien public, supposé que ledit complantement leur en fut un. Mais Votre Grandeur aura la bonté de remarquer que la paroisse de Cabara représente une forêt par le grand nombre des arbres; qu'il y a, dans cette même paroisse, un nombre infini de costières et de focés qui causent un courant affreux et qui emportent la récolte. La paroisse seroit bonne, mais elle ne sçauroit fournir des bleds, si les habitans ne comblent leurs focés et arrachent leurs arbres. Les uns voudroient le faire, les autres s'y opposent; et cela ne scauroit réussir que par vos ordres. J'ay l'honneur de vous représenter, monseigneur, que je suis congruiste, que ma congrue consiste au quart des grains de la paroisse, sans que je prenne portion au vin; que, depuis la transaction de 1701, on a planté en vignne dans ma paroisse aux environs de cent journaux de terre sur lesquelles je ne tire point de dîme; qu'en 1738, sur ma représentation, M. Boucher ordonna par transport de commissaire que les vignes plantées dans les bonnes terres de la vimière seroient arrachées; que, malgré cette ordonnance, on a complanté sans permission beaucoup de terres ; et que, si Votre Grandeur leur accorde la permission qu'ils demandent, toute la paroisse, dans trois ans, sera en vignes et le curé d'obligation d'en sortir pour n'y pouvoir vivre. Il y a, monseigneur, dans Cabara, six cens communaux et six cens journaux de terre pour les faire vivre ; on en compte la moitié en vignne. Si donc Votre Grandeur veut par la charité leur faire plaisir, ce sçeroit, à l'avis de tout le monde, leur envoyer un commissaire pour leur faire combler leurs focés, arracher une partie de leurs arbres, arracher aussi tant de vignnes plantées dans des terres où le froment viendroit fort beau. Par ce moyen, ils vous auroient une obligation infinie, en ce que vous leur donneriés du pain suffisamant, abregeriés cette grande quantité de mauvais vin, et renderiés leur paroisse fleurissante. Sans quoy, ils ne sçavent ce qu'ils demandent et seront toujours à même de vous présenter requette pour entrer dans leur misère. Je laisse, monseigneur, le tout à votre bonne justice, vous priant instamant de cacher ma démarche à mes paroissiens, voulant toujours bien vivre avec eux et ne désirant chercher que leur avantage.

J'ay l'honneur d'être, etc.

GERGERÈS,
curé de Cabara.

Ce 13 mars 1749.

---

**LETTRE du commissaire Duval à Dasvin, lui expliquant les difficultés qu'il rencontre dans sa mission (Extrait).**

C. 1340.

---

21 mars 1749.

Monsieur,

J'ay reçu la lettre que vous m'avez fait l'honneur de m'écrire en datte du 6 du courant..... J'arrive au premier jour dans la parroisse où sont les vignes de M. Maleret ; et, aussitôt que je les auray vu, je vous donneray les éclaircissements que vous me demandés.....

Vous sçaurés, monsieur, que la plus part des collecteurs, comme étant de la relligion, cacheroient volontier et de propre délibéré plusieurs autres de leur secte, si je ne me transportois pas sur les lieux ; ce qui fait que vous trouvés mes oppérations longues . . . . .

J'ai l'honneur d'être, etc.

DUVAL DELAVILE.

A Puiguillen, ce 21 mars 1749.

---

**COMMISSION de Tourny au sieur Vilimus, çaissier de la recette des tailles de l'élection de Bordeaux, pour poursuivre le recouvrement des amendes (Extrait).**

C. 1340. Minute.

28 avril 1749.

Etant nécessaire de charger quelqu'un du recouvrement desdites amendes, même de suivre l'exécution de nos ordonnances.., nous avons commis le sieur Vilimus, caissier de la recette des tailles de l'élection de Bordeaux, pour poursuivre par les voyes ordinaires et accoutumées... le recouvrement desdites amendes par nous prononcées, même de faire des diligences pour contraindre à l'arrachement des vignes, condamnées ceux qui n'auront point obéit à la signification de nos ordonnances.

Fait à Bordeaux, ce 28 avril 1749.

---

**ORDONNANCE de Tourny condamnant le sieur Dupuy, habitant de Bordeaux, pour nouvelles plantations de vignes dans la paroisse de Bouyac (Extrait).**

C. 1340

8 juillet 1749.

Sur ce qui nous auroit été représenté que, depuis six à sept ans, le sieur Dupuy, habitant Bordeaux, aurait fait faire, dans sa métairie de la parroisse de Bouyac, plusieurs plantations de vignes qui d'abord auroient été mises en joualles, et, successivement, garnies en plein au moyen des provins qu'il y a fait et continue de faire, nous aurions chargé le sieur Bulle, notre subdélégué à Libourne, de vériffier lesdites nouvelles plantations, lequel en conséquence en auroit dressé procès verbal, le 21 juin dernier ; vu ledit procès-verbal.... ensemble les arrêts...

Nous condamnons le sieur Dupuy à faire arracher, d'abord après la récolte, toutes les nouvelles plantations de vignes qu'il a fait faire faire dans sa métairie... pour garnir le vuide qui se trouvait entre ce qui étoit planté plus anciennement en jouailles ; le condamne, en outre, à trois mille livres d'amende pour la contravention auxdits arrêts. Enjoignons audit sieur Bulle... de tenir la main à l'exécution de la présente ordonnance.

Fait à Bordeaux, le 8 juillet 1749.

AUBERT DE TOURNY.

Ordonnance signifiée le 21 juillet.

---

**PERMISSION de planter de la vigne, à condition de planter également des mûriers blancs (Extrait).**

C. 1340

1749

La présente permission est donnée sous la condition toutefois que le supliant fera venir de Languedoc la quantité de... poucettes de mûriers blancs, de l'âge de dix-huit mois à deux ans, qu'il les plantera dans quelqu'endroit de bon fond de ses possessions et les cultivera avec soin, pour, au bout de quatre à cinq ans, en avoir des mûriers propres à être transplantés dans l'étendue de ses héritages. Nous justifiera le supliant de l'arrivée et plantations desdites poucettes, sous peine de l'arrachement de la vigne qu'il aura plantée en vertu de la présente ordonnance.

**COMMISSION de Tourny à Copmartin, juge de Lamarque et de Beychevelle, pour visiter les nouvelles plantations du sieur Pontet.**

C. 1340 (Minute).

13 février 1750.

Etant informé que, contre les défenses....., il s'est fait et continue de se faire actuellement, de la part du sieur Pontet, plusieurs plantations de vignes dans la paroisse de Saint-Julien, en Médoc ; à quoy voulant pou[r]voir, nous avons commis le sieur Copmartin, juge de Lamarque et de Bechevel, pour se transporter dans ladite parroisse de Saint-Julien ; et, par un procès-verbal, il appellera les sindics et collecteurs afin de luy servir d'indicateur, constater lesdites plantations de vignes, ensemble la nature et l'étendue de terrain où elles ont été faites, pour, le procès verbal à nous raporté, être ordonné ce qu'il apartiendra. Seront tenus lesdits sindic et collecteurs, à peine de deux cents livres d'amende, de conduire ledit sieur Copmartin sur toutes les pièces de vignes plantées par ledit sieur Pontet depuis cinq années au-dessus du premier octobre dernier.

**MÉMOIRE anonyme, signé Patricola, à Tourny, lui demandant de nouveau l'arrachement d'au moins la moitié des vignes (Analyse).**

C. 265.

6 mars 1751.

Il rappelle qu'il écrivit, il y a cinq ans ou environ, à Tourny, alors à Paris, pour le prier «de représenter en cour l'inconvénient qui résultait de la quantité de vignes qu'il y avoit dans cette parroisse et ailleurs, et la nécessité indispensable d'en faire arracher du moins la moitié ». Il a su de bonne part qu'il ne tint pas à Tourny qu'on eût égard à ses raisons si concluantes : mais MM. les fermiers généraux, s'étant imaginés mal à propos que leurs intérêts en souffriraient, intervinrent; et les ménagements qu'on crut devoir avoir pour eux, empêchèrent qu'un objet aussi essentiel et aussi désiré eût lieu.

« Peut-on, monsieur, sans frémir se rappeler la situation cruelle où on se trouva réduit [dans la province] depuis le commencement de l'année 1748 jusqu'au moment où on apprit que la paix se faisoit ? Moment bienheureux, puisque, pour peu que la guerre eût encore duré, la famine auroit enlevé les trois quarts de ses habitants. On étoit aux abois quand cette grande nouvelle arriva... »

« Quoique, depuis 1743, les récoltes de vin aient toujours été des plus médiocres, il s'est cependant trop trouvé de cette denrée, puisque bien des particuliers n'ont pu s'en défaire qu'en la faisant détailler dans le païs, en cabaret, et qu'on en a inondé nos colonies de l'Amérique, au point qu'on y a perdu ses capitaux et qu'on n'ose presque plus y en envoyer. De là, tant de banqueroutes, dont quelques-unes sont frauduleuses ; de là, le peu de confiance qu'on a aux commerçans ; de là, cette misère, sous laquelle on gémit et qui peut qu'augmenter de plus en plus si on laisse subsister les vignes. Et ce qui le démontre incontestablement et avec la dernière évidence, c'est que, l'année dernière, la disette du vin aïant à proportion été aussi grande qu'en l'année 1709, on n'en a néanmoins guère vendu jusqu'à présent, la pluspart des propriétaires aïant encore à vendre celui qu'ils ont recueilli. »

Pour remédier à de si funestes inconvénients, il est nécessaire d'arracher la moitié des vignes, surtout dans les lieux où on a fait de grandes complantations depuis 1720 à 1725, et où il n'y en avoit presque pas auparavant, comme dans le pays de Bergerac, dans la Saintonge, l'Agenais, partie du Quercy et dans le Languedoc.

« Si on ne prend pas ce parti, le commerce de l'Amérique est ruiné à jamais, et cette province, qui par ce commerce étoit devenue la plus florissante de la France, tout autant qu'il n'y a pas eu trop de vin, va être la plus misérable et dénuée de de toute ressource pour vivre.

Les denrées sont-elles trop communes, elles sont à charge aux propriétaires. De leur côté, les négocians, les envoyent, à l'envy les uns les autres, dans les endroits où ils s'imaginent pouvoir s'en défaire. Si elles y arrivent en grande abondance, quoiqu'ils les aient achetées à bas prix, elles leur tournent en pure perte.

Mais, quand le négociant n'essuyeroit aucun échec, faudroit-il pour cela souffrir que les propriétaires, qui n'ont d'autre ressource pour vivre que le revenu de leurs biens, fussent réduits à leur dernière misère ? Sans doute, on ne le souffrirait pas : l'intérêt du Roy exigeroit qu'on y mit ordre. S'il ne fallait que boire pour vivre, ce serait le cas de laisser subister les vignes, mais il...

Il n'y a personne qui n'arrachât de grand cœur partie de ses vignes, s'il étoit assuré que son voisin en feroit autant et que ce serait général.. Mais, n'ayant pas cette certitude, on s'abstient. Il n'y a qu'un coup d'autorité émané de la cour qui puisse procurer cette opération indispensable...

Messieurs les fermiers généraux iroient assurément contre leurs intérêts, s'ils mettaient obstacle à cette opération.., car du bon ou du mauvais état du commerce dépendent les principaux revenus de la douane de Bordeaux. Or, tant que les vignes subsisteront, il est impossible que le commerce n'aille toujours en déclinant. Lorsque le commerce ne va pas, il faut que le vin se consomme ou se perde dans le pays, et la douane s'en ressent, puisqu'elle ne touche rien sur ce vin.

Il y a des gens qui croient qu'il faudrait attribuer le commerce de l'Amérique à Bordeaux ; celui du Levant, à Marseille... etc. Chacun ferait seul, et à l'exclusion des autres, le genre de commerce qui lui seroit attribué. On ne laisserait alors sur pied, pour cet effet, que les vignes qui sont à 20 lieues autour de Bordeaux et l'on ferait arracher partout ailleurs celles qu'on a plantées depuis 1720. Cette idée pourrait être bonne et produire le bien qu'on imagine, si elle s'exécutoit... »

---

**CONDAMNATION des Pères Jacobins, de Pierre Princeteau, et de Bacon, ancien directeur des poudres à Bordeaux, pour des plantations de vignes, à Ambarès, au delà de la quantité autorisée.**

C. 1341.

16 mars 1751.

Vu le procès verbal dressé de notre ordre par le sieur Charron, procureur du Roy à Embarrès, le 20 juillet dernier, duquel il apert que les Pères Jacobins de Bordeaux ont fait planter en vignes depuis quelques années, trois pièces de terre à eux apartenant dans ladite paroisse d'Embarèz, contenant quarante-six journaux vingt-trois règes lesquelles trois pièces de terre, qui sont de bonne pallu, étoient auparavant en bled, ensemble les arrêts du Conseil rendus sur la matière, notamment celuy du 5 juin 1731, qui défend toutes sortes de nouvelles plantations de vignes, même le rétablissement de celles qui auront restées deux ans non cultivées, sans une permission expresse, à peine de trois mille livres d'amende et de deux cent livres contre les sindics des paroisses qui n'auroient point dénoncé aux sieurs intendans et commissaires départis les contrevenans ; vu aussy les diférentes ordonnances rendues en conséquence par M. Boucher, notre prédécesseur.

Nous condamnons les Pères Jacobins de Bordeaux à faire arracher incessamment la vigne qu'ils ont fait planter en contravention aux ordres du Roy dans les quarante-six journaux vingt-trois règes de terrein dont il s'agit, et, en outre, en trois mille livres d'amende. Condamnons pareillement les sindics de ladite paroisse d'Embarès, en charge lors desdites plantations, en chacun deux cent livres d'amende, faute par eux de nous les avoir dénoncées.

Fait à Paris, ce seise mars mil sept cent cinquante-un.

Aubert de Tourny.

Signifiée le 29 mars 1751.

A la même date, le sieur Pierre Princeteau, tonnelier de la paroisse d'Ambarès, pour avoir fait planter en vignes dans ladite paroisse, depuis quelques années, vingt-huit journaux deux règes de terres, est condamné à les faire arracher et à trois mille d'amende.

Le même jour, le sieur Bacon, ci-devant directeur des poudres à Bordeaux, est condamné à la même somme pour avoir fait planter en vignes une pièce de terre à blé, au lieu de Naudegrosse, dépendante de la métairie dudit lieu, paroisse d'Ambarès, contenant environ dix-huit journaux.

---

**CORRESPONDANCE de Tourny Dasvin, au sujet des trois condamnations prononcées contre les PP. Jacobins, le sieur Princeteau et le sieur Bacon (Analyses).**

C. 1341.

---

16 mars 1751. — Lettre de Dasvin envoyant à Tourny les trois procès-verbaux dressés par Charron, procureur du Roi à Ambarès, et trois ordonnances de condamnation préparées et datées du 16 mars. « Il paroitroit que les PP. Jacobins ont planté trois pièces contenant quarante-six journaux vingt-trois règes. Il est vrai qu'ils ont obtenu de vous la permission pour celle de vingt-six journaux trente-neuf règes, en remplacement d'une plus grande quantité de vignes qu'ils se sont soumis de faire arracher dans leur vigne de Monferrand, mais ils n'ont point encore justifié de cet arrachement, comme ils en sont tenus par la permission. Je n'ay cependant fait l'ordonnance que pour les autres pièces. M. Charron a encore les matériaux de plusieurs procès-verbaux ; il prétend qu'il s'est planté, depuis quinze ou seize ans, dans la paroisse d'Ambarès environ cinq cents journaux de vigne. »

23 mars 1751. Paris. — Réponse de Tourny à Dasvin en lui renvoyant, approuvés, les trois projets d'ordonnance de condamnation. Il blâme Charron d'avoir gardé par devers lui les procès-verbaux faits depuis le 20 juillet dernier, de n'en avoir pas fait d'autres, « puisqu'il y avoit de la matière à luy connue », d'avoir négligé de faire signer son procès-verbal par le syndic et les collecteurs, de n'avoir pas même exprimé leurs noms, enfin d'avoir mis en chiffres « les années de plantation sur lesquelles roule le plus ou moins, pour ainsi parler, de la gravité de la condamnation. » Comme les Jacobins n'ont point justifié de l'arrachement, sous la condition duquel leur avoit été permise la plantation d'une partie de leur terrain, je prononce la condamnation pour la totalité, sauf à les entendre sur l'assignation dudit arrachement. Il faudrait vous informer, sous mains, s'il a été exécuté.

10 avril 1751. — Lettre de Dasvin à Tourny au sujet de l'attitude de Charron. « La véritable raison de son retardement, suivant que je l'ay apris depuis, c'est qu'il vouloit voir finir le procès qu'il avoit au Parlement avec le nommé Princeteau (et qu'il a perdu) pour n'être point dans le cas de plaire à quelques uns de ses juges qui se trouvent avoir planté sans permission.»

**REQUÊTE des PP. Jacobins de Bordeaux au Roi, relative à la condamnation prononcée contre eux par Tourny (Analyse).**

C. 1341.

---

Mai 1751.

« Les Religieux Dominicains de la ville de Bordeaux se trouvent dans la nécessité d'implorer la clémence de Votre Majesté contre une ordonnance de M. de Tourny... du 16 mars 1751, qui les condamne... » Les suppliants possèdent deux biens de campagne dont l'un, situé à Montferrant, est un complant de vignes d'une etc.

Les suppliants possèdent deux biens de campagne dont l'un, situé à Montferrant, est un complant de vignes d'une contenance de quarante journaux, qui, par la nature aquatique du terrain, « leur étoit devenu à charge. »

Ils eurent l'idée, en 1744, de faire arracher ces vignobles et de les transplanter à Cubzac. M. l'Intendant rendit son ordonnance, le 23 mars 1745, qui leur permit d'arracher les vignes de Monferrant et d'en faire le remplacement, à fur et à mesure, à Cubzac ; en faisant, néanmoins, planter des aubarèdes, à Monferrant au lieu et place des vignes arrachées. Ils travaillèrent en conséquence ; mais, comme le complant des vignes arrachées à Montferrant étoit de quarante journaux, et que la pièce. . de Cubzac n'avait que vingt-six journaux, il en restoit encore quatorze à employer. Leur syndic, sans demander une nouvelle permission (il crut n'en avoir pas besoin) planta une pièce contigüe d'environ huit journaux d'un fonds sec et aride. C'est cette innocente entreprise qui a été le motif de l'ordonnance contre laquelle ils ont l'honneur de faire leur représentation au Roi.

« Les suplians sont d'autant plus étonnés et affligés d'être traités avec tant de sévérité, dans une circonstance aussi gratiable, que leur terre et maison de Cubzac semblent leur mériter quelque considération et quelque égard, à cause des dépenses que leur y occasionnent les passages fréquents des Princes et des Princesses du sang et des seigneurs de la Cour chargés des ordres du Roy pour l'Espagne. Ils ont eu l'honneur d'y recevoir feue madame la Dauphine, madame la duchesse de Parme, monsieur le duc et madame la duchesse de Chartre. Les suplians, dans ces occasions si honorables, oublient leur situation gênée pour marquer leur zèle, leur respect, et leur empressement pour la famille Royale. Et M. l'Intendant, qui est aujourd'oui si sévère à leur égard, peut se rapeller que, lors du passage de feue madame la Dauphine, les suplians, par déférence pour son conseil, firent travailler à leurs dépens à un débarquement (autrement *peyrat* en terme du païs), lequel leur coûta quinze cents livres, et dont l'entretien leur cause encore annuellement des frais considérables. »

Ils viennent encore de donner à M. l'Intendant des preuves de leur soumission et de leur bonne volonté pour tout ce qui peut regarder l'utilité publique et la décoration de la ville de Bordeaux : ils ont consenti à aliéner huit cent toises de terrein de leur jardin pour y élever des maisons qui les masquent entièrement et leur ôtent le bon air et la vüe de la rivière dont ils jouissoient. Ils se sont assujetis, avec la plus parfaite soumission, à tous les changemens et variations des différens plans qu'il a plu à M. l'Intendant de leur proposer, sans autres dédommagemens que ceux auxquels ils se sont réduits, et que Votre Majesté a daigné leur accorder par arrêt de son Conseil, lesquels sont bien inférieurs aux préjudices et aux dommages qu'ils en souffrent. Les suppliants ne relèvent icy ces considérations que pour leur servir de protection auprès de Votre Majesté contre l'ordonnance de M. l'Intendant. Ainsi tout parle en faveur des suplians; tout semble leur promettre les bontés du Roi.

---

**LETTRE de Tourny à Dasvin, relative à la requête présentée au Roi par les Pères Jacobins de Bordeaux.**

C. 1341.

A Paris, ce 15 may 1751.

Je vous envoie, monsieur, une requête, acompagnée de deux pièces, que les Jacobins ont présentée contre l'ordonnance qui les condamne pour plantations de vignes. Prenez à cette occasion tous les éclaircissemens nécessaires, pour me mettre en état d'en écrire à M. d'Ormesson, qui me l'a renvoiée. Il faut principalement que vous sçachiez quelle quantité de vigne ils ont, d'une part, plantée, et, de l'autre, ils ont marqué d'arracher, relativement à la requête qu'ils m'avoient présentée et qui a dû rester entre vos mains.

Quant à ce qui est exposé d'étranger à la plantation, je n'ay pas besoin que vous en preniés aucun éclaircissemens, si ce n'est à l'égard du peret, (*peyrat*), pour demander à M. Vimar de quelle dépense il a pu être, pour sçavoir de M. de Sorlus sur quel pied le fermier du passage se fait paier, pour vous faire remettre par M. Delacombe un imprimé de l'arrest qui fixe les droits à lever, et pour vous faire représenter par le fermier une copie de son bail; lesquels deux dernières pièces vous m'en verrez. Je suis, monsieur, entièrement à vous.

DE TOURNY.

**LETTRE de Tourny à Dasvin pour presser l'affaire des Pères Jacobins de Bordeaux.**

C. 1341.

---

A Paris, ce 12 juin 1751.

Je vous envoie, monsieur, les pièces sur lesquelles j'ay expédié l'ordonnance portant permission à M. le comte de Vertillac de planter de la vigne, que je lui ay adressée.

Il est étonnant que l'arrest concernant le droit de péage des Jacobins ne se trouve point au greffe de l'Intendance. En ce qu'il n'en auroit point été encore expédié en leur faveur, auquel cas ils n'auroient pas droit de jouir. Faites leur dire qu'ils représentent celuy qu'ils doivent avoir ou le certificat de production de leurs titres au grefe de la commission. Faute de l'un ou l'autre, je rendrois une ordonnance qui leur deffendroit la continuation de la perception dudit droit.

A l'égard de leurs vignes, ils prétendent n'être pas en faute, du moins sur la quantité des vignes qu'ils devoient arracher. Il me semble que la vérification traîne longtems. N'occasionnoient-ils pas ce retardement pour avoir le tems de dénaturer le terain ? Que quelqu'un soit chargé par M. de Sorlus de constater l'état des choses au plus tôt.

Je suis, monsieur, entièrement à vous.

DE TOURNY.

---

**LETTRE de Dasvin à Tourny, contenant des renseignements précis sur les surfaces plantées en vigne par les Pères Jacobins de Bordeaux.**

C. 1341 (Minute).

---

A Bordeaux, ce 19 juin 1751.

Monsieur l'Intendant,

Pour satisfaire à la lettre que vous m'avés fait l'honneur de m'écrire, le 15 du mois dernier, en me renvoyant le placet cy-joint des R. P. Jacobins de Bordeaux, j'écrivis de votre part à M. Charron de se transporter à Monferrand pour constater, par un procès-verbal, la quantité de vigne qu'ils y ont arrachée. Ce procès-verbal et la réponse à ma lettre seront aussy cy-joints.

J'accompagne le tout de la minute de votre première ordonnance, du 23 mars 1745, portant permission, et de la requête et pièces sur lesquelles elle intervint.

Vous verrés, monsieur, que, dans cette requête, il n'est question que de deux pièces de terein : l'une, à Monferrand, où il y avoit de la vigne que les Jacobins offroient de faire arracher pour y planter des aubarèdes ; l'autre, à Cuzac, où ils demandoient à remplacer cette vigne.

La première, par un arpantage du sieur Laville, du 31 janvier 1744, joint à la requête, est dite de vingt-sept journeaux dix-neuf règes dix carreaux ; mais, suivant le procès verbal de M. Charron, du vingt-huit-may dernier, elle n'est, que de vingt-six journaux huit règes huit carreaux.

L'autre, de vingt-six journaux trente règes, aux termes du procès-verbal dudit sieur Charron, du vingt juillet 1750 (il sera aussy cy-joint) sur lequel a été rendue votre ordonnance de condamnation, ce qui cadre assés avec celuy de M. Montagne, joint à la requête où cette pièce est portée pour vingt-cinq à vingt-six journaux.

En sorte, monsieur, qu'il paroît que ces deux pièces étoient à peu près égales ; et, c'est d'après la preuve de cette égalité que vous accordâtes la permission. Il doit être, néanmoins, retranché de la première pièce trois journaux qui étoient alors en vime ou ozier, dont il fut fait mistère, puisque la requête n'en dit mot ; lesquels n'ont point été arrachés et dont par conséquent le remplacement n'a pu être fait...

A quoy il faut ajouter deux autres pièces de terre labourable que les Jacobins ont aussy fait planter en vigne, à Cuzac, dans le même tenement, suivant ledit procès verbal du 20 juillet 1750, dont il n'est nullement fait mention dans l'ordonnance du 23 mars 1745, ni dans la requête sur laquelle elle fut rendue ; lesquelles deux pièces font ensemble dix-neuf journaux vingt-cinq règes...

De sorte, monsieur, qu'il demeure clairement établi que vingt-deux journaux vingt-cinq règes ont été plantés sans permission, et par conséquent en contravention aux arrêts du Conseil. Il en résulte aussy que ces religieux se sont écartés de la vérité lorsqu'ils ont exposé dans leur placet que les vignes par eux arrachés à Monferrant étoient de quarante journaux, puisqu'ils ne pouvoient ignorer, suivant l'arpantage du sieur Laville par eux raporté avant l'ordonnance de permission, que la pièce n'étoit tout au plus que de vingt-sept journaux dix-neuf règes dix carreaux, dont il y en avoit trois en vime, comme il vient d'être dit. Il y a encore cette circonstance à relever que le procès-verbal de M. Montagne porte que la pièce de Cuzac, pour laquelle la permission a été donnée, est d'une qualité sèche et aride, pendant que celuy du sieur Charron l'a dit de bonne pallus, ferme et grasse.

A l'égard, monsieur, du peyrat, n'avant pu trouver l'arrêt du Conseil à l'intendance, non plus que chés le sieur Brun, imprimeur, où on l'a aussi cherchée, j'alloy, mercredy au soir, parler au sindic des Jacobins, en conséquence de votre dernière lettre du 12 de ce mois. Il me dit que cet arrêt, du mois de mars 1743, étoit dans leurs archives, mais qu'il ne pouvoit me le représenter, ni m'en donner communication sans le consentement de sa communauté, et me demanda jusqu'au lendemain pour me rendre réponse. En effet, il vint à mon bureau jeudy matin, et cette réponse fut que sa communauté ne pouvoit donner cette communication sans un ordre exprès de vous. Je luy dis que votre lettre, dont je luy lus l'article le concernant, étoit plus que sufisante pour cela, et qu'il vous paroîtroit de l'humeur de leur part de s'y refuser. A quoi, il me répliqua qu'il en étoit fâché en son particulier, mais qu'il ne pouvoit aller contre les intentions de sa communauté. Je ne puis donc, monsieur, vous envoyer que l'estimation que m'a remise M. Vimar dudit peyrat, et qu'il a faite d'après la connaissance qu'il en a fait prendre ; elle est de six mille six cent trente-deux livres treize sols quatre deniers. J'y joins aussy une expédition dudit bail à ferme de ce passage que M. Charron m'a envoyé, et qu'il a accompagné d'une lettre sur ce qui se pratique par raport à la perception des droits. Si ce qu'il en dit est vray, il y entre beaucoup d'arbitraire. Comme il traite aussy de ce qui s'est passé de la part de M. Princeteau, fermier de l'autre peyrat apartenant à M. le comte de Paulin, je dois avoir l'honneur de vous observer à cet égard que M. de Sorlus, avec qui j'en ay conféré, m'a dit avoir été présent au renouvellement du bail, qui s'est fait depuis peu ; que l'augmentation ne porte point sur le droit de passage, mais sur deux métairies qui y sont unies depuis bien du tems ; et que M. le comte de Paulin a recommandé expressement audit fermier de rien exiger, soit pour luy, soit pour ses matelots, au delà du droit ; que s'il luy en revenoit quelque plainte, il seroit le premier à en demander justice.

J'ay l'honneur d'être etc...

Comme, monsieur, je finissois cette lettre, les Jacobins qui ont eu le tems de faire leurs réflexions, et mieux avisés, m'ont envoyé un exemplaire de l'arrêt du Conseil ; je le joins aux autres pièces.

---

**SUPPLIQUE du sieur Princeteau à Tourny, au sujet de sa condamnation (Analyse).**

C. 1341.

Juin 1751.

A Monseigneur le Marquis de Tourny....

Supplie, humblement, Pierre Princeteau, marchand de la paroisse d'Embarez, de le recevoir opposant à l'exécution, par les raisons qu'il a succintement déduites, et autres qu'il s'est réservé d'exposer à son retour en province.

Il observe à Votre Grandeur que son ordonnance est rendue sur un procès-verbal fait par le sieur Charron, notaire et procureur du roi d'Embarez, du 20 juillet dernier, qui doit luy être connu pour qu'il puisse découvrir le vray d'avec le faux ; ledit sieur Charron luy est totalement suspect, depuis que le suppliant a obtenu un arrêt à la chambre de retenue dernière, sur une inscription de faux qui doit le rendre également suspect à tous. Pour en justifier, le supliant joint copie dudit arrêt.

Son ressentiment contre le suppliant éclate ; il dit partout qu'il veut le perdre et le ruiner ; et que, malgré son opposition, il faira ramener à exécution l'ordonnance de Votre Grandeur. Il n'a soulevé cette affaire au suppliant que pour l'obliger à luy donner quitance, ou un long crédit, des sommes considérables qu'il luy doit depuis longtemps, qu'il a voulu luy nier. A raison de quoy, il y a procès au Parlement sur l'appel qu'a interjeté ledit sieur Charron d'un jugement des requêtes du palais, qui le condamne à payer ce qu'il doit au suppliant avec dépens et qui ordonne le bâtonnement de ses écrits.

Le supliant avoue ingénument à Votre Grandeur qu'il n'a pas voulu confier audit sieur Charron une permission qu'il obtint de monseigneur de Boucher pour complanter, crainte (comme il lui seroit arrivé) de ne la revoir plus. C'est une main suspecte. Il s'est contenté de la faire voir au sieur Dasvin, et la representera à Votre Grandeur avec ses autres raisons... Il vous supplie, monseigneur, de donner des ordres pour que toutes poursuites contre le supliant soient suspendues jusques au retour de Votre Grandeur.

---

**LETTRE de Tourny à d'Ormesson, justifiant la condamnation par lui prononcée contre les PP. Jacobins de Bordeaux.**

C. 1341. Minute.

A Bordeaux, ce 20 août 1751.

Monsieur,

Pour répondre à la lettre que vous me fites l'honneur de m'écrire, le 11 may dernier, en me renvoyant le placet et pièces cy-jointes des Religieux Dominicains de Bordeaux, il m'a paru nécessaire d'établir de combien de journaux étoit l'arrachement de vigne dans leur bien de Monferrand et la plantation dans celuy de Cuzac, attendu que mon ordonnance, du 23 mars 1745, ne contenoit qu'une permission en remplacement.

Les procès-verbaux dressés à cet effet prouvent que ledit arrachement n'est que de vingt-trois journaux huit règes, dans une pièce de vingt-six journaux huit règes, pendant que la plantation se trouve de quarante-six journaux vingt-trois règes ; de sorte qu'il y a plus de la moitié de cette plantation qui excède la permission, et qui par conséquent est en contravention aux arrêts du Conseil.

Vous serés étonné, monsieur, après cela, que ces Religieux ayent osé avancer dans leur placet que la condamnation que j'ay prononcée contre eux, étoit contraire à ma première ordonnance du 23 mars 1745, au procès verbal y joint et à l'équité. Ils ne pouvoient ignorer par l'arpentage qu'ils avoient fait faire eux-mêmes de la pièce de vigne de Monferrand, pour obtenir ma dite première ordonnance, qu'elle ne contenoit que vingt-six à vingt-sept journaux, dont trois étoient et sont encor en vime ou ozier, et que les trois pièces par eux plantées à Cuzac (dont deux ne sont point comprises dans la permission, ni même dans la requête sur laquelle elle intervint) contenaient quarante-six journaux vingt-trois règes, comme il est dit ci-devant. C'est donc en pleine connaissance qu'ils sont tombés dans cette contravention, laquelle mérite d'autant plus de sévérité que le terain qui en fait l'objet, est très propre pour le bled.

Les raisons, monsieur, qu'ils alléguent en leur faveur, pour se procurer grâce, ne peuvent être non plus d'aucune considération. La dépense du rétablissement du payrat de Cuzac étoit d'une obligation étroite pour eux, puisque c'est sous la condition de l'entretien du port, auquel ce payrat est nécessaire, qu'ils y perçoivent un droit de passage, qui est affermé annuellement neuf cent livres en argent, indépendament de plusieurs charges et corvées dont le fermier est tenu envers lesdits religieux : d'ailleurs, il s'en faut de près des deux tiers que l'objet de cette dépense ait été aussy fort qu'ils le disent. Rien de plus frivole encor que leur prétendue complaisance à céder une partie de leur jardin pour les embellissemens de la ville de Bordeaux. Loin que cette cession leur ait préjudiciée, comme ils veulent le donner à entendre, ils en ont au contraire tiré un très grand avantage, ayant déjà vendu pour cinquante-six mille livres d'emplacement, et en ayant encore à vendre pour trente-mille livres ; ce qui n'auroit jamais pu leur arriver sans le projet d'embellissemens.

Quant à ce qui concerne le passage des princesses, ils ont eu le mérite de prêter la maison qu'ils ont sur le bord de la rivière, pour qu'elles y attendissent que leurs équipages fussent traversés, mais ç'a été sans qu'il leur en coûtat aucune dépense.

J'attendray votre réponse pour faire exécuter mon ordonnance, tant pour l'amende que pour la quantité de terrain qui se trouve en contravention, sauf à en modifier en quelque chose la rigueur.

**ORDONNANCE du conseil d'État, modérant à 500 livres l'amende prononcée contre les PP. Jacobins de Bordeaux (Extrait).**

C. 1341.

---

2 novembre 1751.

*Extrait des registres du conseil d'Etat.*

Vû aussy la requête presentée au conseil par lesdits Religieux Dominicains de la ville de Bordeaux, tendante à ce qu'il plût à Sa Majesté, sans avoir égard à ladite ordonnance du 16 mars dernier, les décharger de l'amande de trois mille livres et des autres peines contre eux prononcées par ladite ordonnance ; ouy le raport, le Roy en son Conseil, sans s'arrêter à ladite requête, a ordonné et ordonne que l'ordonnance dudit sieur de Tourny, dudit jour 16 mars 1751, sera exécutée suivant sa forme et teneur, et, cependant, par grâce et sans tirer à conséquence, Sa Majesté a modéré et modère à la somme de cinq cents livres l'amende... prononcée contre lesdits religieux et à vingt livres pour chacun des sindics de la paroisse d'Ambarez.....

Fait au Conseil d'Etat du Roy tenu pour les finances, à Fontainebleau, le deux du mois de novembre mil sept cent cinquante-un.

EYNARD.

Ordonné par Tourny, le 6 décembre 1751, et, signifié aux religieux le 14 décembre 1751.

---

**REÇU délivré au sieur Princeteau, pour un versement de mille livres en à compte de l'amende à laquelle il a été condamné.**

C. 1342. Minute.

---

7 janvier 1752.

Je soussigné, chargé par Mgr l'intendant de recevoir l'amende de trois mille livres, prononcée contre le nommé Pierre Princeteau, par son ordonnance du 16 mars 1751, pour contravention aux arrêts du

Conseil concernant les nouvelles plantations de vigne, reconnois que ledit Princeteau m'a payé cejourd'huy la somme de mille livres à compte de ladite amende, de laquelle somme de mille livres je rendray compte sur les ordres de mondit seigneur l'Intendant

Fait à Bordeaux, ce 7 janvier 1752.

---

**MODÉRATION d'amende par Tourny en faveur du sieur Princeteau.**

C. 1343. Minute.

4 septembre 1752.

Vu la présente requête...

Nous, sans tirer à conséquence, avons modéré à cinq cent quarante livres l'amende de trois mille livres prononcée par notre ordonnance du 16 mars 1751. En conséquence, ordonnons que le sieur Morel remettra au supliant la somme de quatre cent soixante livres, sur celle de mille livres qu'il avoit consignée entre ses mains, à compte de ladite amende.

Fait à Bordeaux, ce 4 septembre 1752.

---

**LETTRE de Tourny à M. de Libersac, au sujet de M. de Campel.**

C. 1345. Minute.

A Bordeaux, ce 23 décembre 1752

J'ay reçu, monsieur, la lettre que vous m'avés fait l'honneur de m'écrire, le 15 de ce mois, à laquelle étoit jointe la requête de M. le marquis de Campel, pour plantation de vigne. J'ay remarqué, par le procès-verbal qui a été dressé d'après mon ordonnance, que les deux premières pièces sont partie en labour, et par conséquent point dans le cas de la permission demandée. Quant à la troisième, qui est de trente journaux, dont le terain paroit être en friche et plus mauvais, j'en pourroy accorder une partie telle, que dix à douze journaux; sauf, pour l'avenir, lorsque cette partie aura été plantée, à permettre successivement pour le restant de la pièce. C'est tout ce qui me sera possible en faveur de M. le marquis de Campel, à qui j'aurois grand envie de faire plaisir et par raport à luy-même et par raport à l'intérêt que vous...

Je suis bien obligé de vos offres pour du buis de Hollande. Il s'en trouve icy et dans les environs sufisament.

J'ay l'honneur d'être...

---

**REQUÊTE des habitants de Cars à Tourny, tendant à ce qu'il n'autorise pas le sieur Jacquart à planter de la vigne (Extrait).**

C. 1345.

30 octobre 1753.

A Monseigneur de Tourny,

Une partie des habitans de la parroisse de Cars, en Blayés, ayant esté avertis que le sieur Jacquart, commissaire des matelots de Blaye, ayant acheplé une métairie . . . bonne pour grains et ayant les meilleures terres de la parroisse, vous a présenté une requête pour vous demander la permission de planter quelque journal en vigne . . . nous pouvons assurer Votre Grandeur que, cy vous luy donnés la permission, avant qu'il soit deux ans, il faira planter toutte ladite métairie, qui est d'environ quatre vingt journal. C'est pourquoy nous supplions Votre Grandeur de ne luy point accorder.

---

**COMMISSION de Tourny au sieur Duval pour visiter les plantations du Blayais.**

C. 1345 (Minute).

15 novembre 1753.

Louis Urbain Aubert, chevalier, marquis de Tourny, etc. étant informé que, contre les deffenses, il s'est fait et continue de se faire, dans le Blayés, plusieurs nouvelles plantations de vignes au préjudice du bien public.

Nous avons commis le sieur Duval de Laville pour se transporter dans le Blayés, et, par des procès verbaux où il appellera les sindics et collecteurs, afin de luy servir d'indicateurs, constater les dites nouvelles plantations de vigne, ensemble la nature, situation et étendue des terreins où elles ont été faites, lesquels terreins il désignera par leurs dénominations et confrontations, pour, lesdits procès verbaux à nous raportés, être ordonné ce qu'il appartiendra. Et, où aucunes des dites plantations auroient été faites avec permission, ordonnons aux propriétaires de représenter celles qu'ils prétendront avoir obtenues, audit sieur Duval de Laville, lequel en ce cas veriffiera si on ne nous en a point imposé sur l'espèce et la qualité des terreins. Seront tenus les dits sindics et collecteurs, à peine de deux cens livres d'amende, de conduire ledit sieur Duval de Laville sur toutes les plantations en question faites depuis six années.

Fait à Bordeaux, ce 15 novembre 1653.

---

**LETTRE de Tourny à Dudézert, relative aux plantations du Blayais.**

C. 1345. Minute.

A Bordeaux, 15 novembre 1753.

Monsieur Dudézert,

Je suis informé qu'il s'est fait et continue de se faire, dans le Blayés, un très grand nombre de plantations de vignes en contravention aux défenses du Conseil. Je vous prie de me mander ce que vous en savés, en m'envoyant un mémoire ou état des parroisses où vous croirés qu'il s'en est le plus fait, ainsy que des articles les plus considérables dont vous pouvés avoir connaissance.

Je suis...

**LETTRE de Faget de Casaux, subdélégué de Marmande, à Dasvin, relative aux complants de vigne à Monségur.**

C. 1345.

Marmande, 15 novembre 1753.

Monsieur,

J'ai l'honneur de vous envoyer cy joint l'état des complants de vigne faits dans la juridiction de Monségur, pendant les années 1751, 1752, 1753, sans qu'il soit venu à ma connaissance qu'il y eut eu de permission. Je l'ay divisé en cinq collonnes, dont la première marque les noms des propriétaires, la seconde la parroisse, la troisième la contenance du fonds, la quatrième les années de complantement, et la cinquième les observations sur la qualité et nature du fonds complanté.....

J'ay l'honneur d'être...

FAGET DE CASAUX.

---

**ORDONNANCE en blanc de Tourny, pour visiter les vignobles de Monségur.**

C. 1343. Minute.

19 novembre 1753.

Etant informé que, contre les défenses portées par diférens arrêts du Conseil, ..... il s'est fait, dans la juridiction de Monségur, ... plusieurs nouvelles plantations de vignes, entr'autres celles dont l'état sera cy après ;

Nous avons commis le sieur ... pour se transporter dans la juridiction de Monségur, à l'effet d'y dresser des procès-verbaux... Et, où aucunes desdites plantations auroient été faites avec permission, ordonnons aux propriétaires de représenter celles qu'ils auront obtenues au dit sieur... lequel vérifiera si on ne nous en a point imposé sur l'espèce et la qualité du terrain. Seront tenus les consuls, sindics ou collecteurs de ladite juridiction, à peine de deux cents livres d'amende, de conduire le dit sieur ... sur toutes lesdites plantations.

Fait à Bordeaux, ce 19 novembre 1753.

[Suit un état où figurent les noms de vingt-cinq propriétaires et les surfaces plantées.]

---

**LETTRE de Dasvin à Faget de Casaux, subdélégué de Marmande, lui annonçant l'envoi d'une commission en blanc.**

C. 1345. Minute.

A Bordeaux, ce 23 novembre 1753.

Monsieur,

Ayant rendu compte à M. l'Intendant de l'état que vous m'avés fait l'honneur de m'adresser des nouvelles plantations de vignes faites en contravention aux défenses du Conseil dans la juridiction de Monségur, il m'a chargé de vous envoyer la commission ci-jointe, pour que vous en fassiés dresser des procès-verbaux par une personne de confiance, intelligente et de probité, du nom de laquelle vous remplirés ladite commission, que j'accompagne d'un projet de procès-verbal, afin de luy rendre la besogne plus facile.

J'ay l'honneur d'être...

---

**LETTRE de Dudézert à Dasvin, relative au sieur Jacquard, commis aux classes à Blaye.**

C. 1345.

A Blaye, ce 24 novembre 1753.

J'ay appris, monsieur, avec étonnement que M. Jacquard, commis aux classes de cette ville, avait fait faire depuis quelques jours le procès-verbal ordonné par monsieur l'Intendant pour le terrin qu'il veut faire planter. Je ne sçay pourquoy il m'a tenu la chose secrète, et ne peux concevoir qu'elle suspicion il peut avoir. Il n'est pas douteux qu'il n'aye adressé ledit verbal à quelqu'un qui ait allé auprès de vous ou de monsieur l'Intendant ; mais au moins devoit-il, me semble, m'en dire quelque chose.

J'ai l'honneur d'être, monsieur, avec...

DUDÉZERT.

---

**LETTRE de Dudézert à Tourny, où il expose l'état lamentable du Blayais par le fait des nombreuses plantations.**

C. 1345.

---

Blaye, ce 25 novembre 1753.

Monseigneur,

Mon devoir, l'amour du bien public, le mien propre, me porte à avoir l'honneur de vous représenter que ce district est à jamais ruiné par la quantité de vignes qui se sont plantées et qui se plantent journellement, soit avec permission, soit sans permission. Il n'y a personne, Monseigneur, qui ne se resente cruellement, cette année, de la quantité des vignes. On ne vend point, et ceux qu'on peut regarder comme les vrays éleus, ont vendu si peu, que, les barriques payées — qui ont esté à un prix exorbitant — ils ne peuvent retirer les frais de culture. Je vous supplie, Monseigneur, de ne pas faire connaître rien de moi, parce que il n'est pas douteux que je fus lapidé, tout le monde n'ayant d'autre objet que celuy des vignes, sans songer qu'en rendant leurs conditions moins heureuses, ils mettent les autres dans le même cas.

J'ai l'honneur d'estre...

DUDÉZERT.

---

**LETTRE de Dudézert à Dasvin, sur l'importance des complantements dans le Blayais.**

C. 1345.

---

Blaye, ce 7 décembre 1753.

J'ay l'honneur, monsieur, de renvoyer à M. l'Intendant la requeste de M. Jacquard, dans le même moment que je reçu sa lettre, à laquelle je n'ay pas eu l'honneur de respondre, pour pouvoir joindre l'état qui ne peut estre exact que par les éclaircissemens que les sindics pourront me donner.

Je ne crains point, monsieur, sur cet article de m'expliquer, d'autant mieux que personne ne sçait mieux que moy qu'il ne transpire rien de l'Intendance de ce qui peut mériter le secret. Il est certain qu'il y a plusieurs particuliers qui ont planté et plantent sans permission, et ce qu'on aura peine à se persuader, c'est que les paysans, qui tous plantent sans ordre ny aveu, ont formé dans ce pays une augmentation considérable de vin, d'autant plus préjudiciable que ces misérables donnent leurs denrées à vil prix. Plusieurs marchands font leurs primeurs chez ces paysans ; et il faut que tous les autres propriétaires subissent le suplice ou ne vendent point. Il y a, monsieur, un marchand de vin qui m'a assuré que, soit aux cabaretiers, soit aux marchands, il falloit que les paysans eussent vendu mille tonneaux de vin ; et il y a de ces paysans qui forment aujourd'huy des chays considairables.

J'estimerois, monsieur, qu'en donnant des ordres exacts aux sindics des paroisses pour avoir un état sincère des plantations, on seroit à même de voir d'un coup d'œil l'augmentation immense qu'il y a dans ce pays icy, et combien les paysans y ont contribués, quoy qu'ils ne semblent planter qu'en petite partie. Sur cet état, M. l'Intendant pourrait ordonner ce qu'il jugeroit convenable. Cette demande faitte aux sindics porteroit la terreur et arraiteroit la plantation. Cet état ne coûtera ny soins ny dépences ; et je le croirois même nécessaire entre vos mains, pour que vous vissiés d'un coup d'œil le nombre de vignes qui couvrent la surface de l'étendue de ce district, surtout où les fonds ne sont point comme en Médoc.

J'ai l'honneur, etc.

Dudézert.

**LETTRE de Tourny à d'Ormesson, demandant la grâce des PP. Jacobins de Bordeaux.**

C. 1345. Minute.

7 décembre 1753.

Monsieur,

Il y a deux ans que les religieux dominicains de Bordeaux sont dans la crainte que je ne fasse exécuter contr'eux, à la rigueur, un arrêt du Conseil du 22 novembre 1751, confirmatif d'une ordonnance du 16 mars précédent, par laquelle je les ay condamnés à un arrachement de vignes par eux plantées en contravention, et à l'amende encourue en pareil cas. C'est par vos mains, monsieur, qu'a passé cet arrêt. J'eus lieu alors d'imaginer que le Conseil avoit eu envie, ainsi que moi, que cette condamnation fît du bruit dans le public, et causât à ces religieux plus de peur que de mal ; vous me l'avez mesme depuis assés donné à entendre, sur différentes sollicitations que vous avez eu d'eux ou pour eux. Aujourd'huy, monsieur, il me paroît qu'il est tems de ne les plus tenir dans une crainte, qui, en leur présentant la punition sans cesse prête à s'exécuter, a presque formé sur eux l'équivalent de la réalité. En conséquence, si vous voulés bien m'y autoriser, je leur annonceray qu'en ne retombant plus par eux dans pareille faute, le Conseil a la bonté de leur faire grâce de celle-là.

J'ay l'honneur d'être, etc.

---

**LETTRE de D'Ormesson à Tourny; il le charge d'annoncer aux PP. Jacobins de Bordeaux que le Conseil leur fait grâce.**

C. 1345.

A Paris, ce 14 décembre 1753.

Monsieur,

J'ay reçu la lettre que vous m'avés fait l'honneur de m'écrire, le 7 de ce mois, par laquelle vous estimés que les religieux dominicains de

Bordeaux sont assez punis des plantations de vignes qu'ils ont faittes, au préjudice des deffenses et dont vous avés ordonné l'arrachement, par la crainte continuelle où ces religieux ont vécu depuis deux ans de voir exécuter contre eux à la rigueur l'arrest du 22 novembre 1751, qui a confirmé votre ordonnance ; et vous proposés, en conséquence, de les affranchir désormais de cette crainte en leur annonçant qu'en ne retombant plus dans la même faute de leur part, le Conseil veut bien leur faire grâce de celle-là. J'adopte très volontiers la proposition que vous faittes à cet égard, si vous pensés qu'en leur annonçant par vous cette nouvelle, cela soit suffisant pour anéantir l'effet de l'arrest du Conseil rendu contre ces religieux.

Je suis avec respect, Monsieur, votre très humble et obéissant serviteur.

D'ORMESSON.

---

**LETTRE de Faget de Casaux, subdélégué de Marmande, à Dasvin, où il lui marque la personne dont il a fait choix, pour exécuter sa commission à Monségur (Analyse).**

C. 1345.

A Marmande, ce 20 décembre 1753.

Ne trouvant personne en état ny en volonté de se transporter à Monségur pour faire les verbaux des nouveaux complants de vigne... il s'est déterminé... d'y envoyer son secrétaire, homme d'une probité qui lui est connue. Il a remply la commission de son nom, et luy a recommandé... de la faire scrupuleusement avec exactitude... Il a écrit, en même temps, aux maire et consuls de luy donner tous les secours dont il auroit besoin.

Il croit qu'à présent il y a bien du remuement dans cette juridiction. C'est leur faute. Pourquoi ont-ils planté sans permission ?....

**LETTRE de Faget de Casaux, subdélégué de Marmande, à Tourny en lui adressant les procès-verbaux faits dans la juridiction de Monségur.**

C. 1344.

Marmande, 24 janvier 1754.

Monseigneur,

J'ay l'honneur de vous envoyer cy joint les procès-verbaux, faits par le sieur Antoine Boiras aîné, dont j'ay remply le blanc de votre ordonnance du 19 novembre dernier, des nouveaux complants de vigne faits dans la juridiction de Monségur, parroisse par parroisse, avec la dénomination du lieu, l'étendue, les confrontations, l'année de la plantation et la qualité du terrain, à remonter jusques en 1748.

Ces verbaux ont été faits, pour la majeure partie, les parties ouïes, dont quelques-uns ont representé les permissions que vous leur avés accordé. Le commissaire a resté huit jours sur le local *(sic)* et s'est transporté, malgré la pluye, sur chaque pièce complantée en vigne.

J'ai l'honneur d'être....

FAGET DE CASAUX

---

**LETTRE de Tourny à Faget de Casaux, subdélégué de Marmande, lui envoyant des ordonnances de condamnation.**

C. 1344. Minute.

Bordeaux, 17 mars 1754.

Monsieur Faget.

Aux termes, monsieur, du compte que vous aviés d'abord rendu des nouvelles plantations de vigne faites en contravention dans la juridiction de Monségur, il y avoit lieu de penser qu'il se trouveroit des objets considérables. Cependant, je vois, par les procès-verbaux que vous m'en avés adressés, que cela se réduit à bien peu de chose. Votre secrétaire a-t-il aporté dans sa mission toute l'exactitude qu'il convenoit, et n'y seroit-il point entré un peu de complaisance de sa part ? Je remarque que presque tous ces procès-verbaux sont tournés de manière à excuser les contrevenans. Il y en a même deux où la quantité n'est point marquée.

Comme mon intention est qu'il soit fait quelque exemple sur ces nouvelles plantations, je viens de rendre, quant aux plus forts articles, des ordonnances qui condamnent les contrevenans à en faire l'arrachement et en l'amende de mil livres [1] ; les sindics sont aussi condamnés à une amende, faute par eux d'avoir dénoncé les plantations. Vous trouverés cy joint ces ordonnances que je vous prie de faire signifier par un cavalier de maréchaussée.

---

**ORDONNANCES de condamnation des sieurs de Brezets et Desnanots.**

C. 1344 Minute.

17 mars 1754.

Louis Urbain Aubert, chevalier, marquis de Tourny...

Vu le procès-verbal dressé en conséquence de nos ordres par le sieur Boiras aîné, notaire royal à Marmande, le 24 décembre dernier, duquel il résulte que le sieur de Brezets, avocat à Bordeaux, a fait planter en vigne dans la parroisse de Saint-Vivien, juridiction de Monségur, en l'année 1751, une pièce de terre contenant six journaux.....

Nous avons condamné et condamnons le sieur de Brezets à faire arracher incessament la vigne qu'il a fait plantée en contravention aux ordres du Roy, dans la pièce de terre dont il s'agit, et, en outre, en trois mille livres d'amende.

Condamnons pareillement le sindic de ladite parroisse en deux cens livres d'amende, faute par luy de nous l'avoir dénoncée.

Fait à Bordeaux, ce 17 mars 1754 [2].

1. Les ordonnances de condamnation portent trois mille livres.

2. Même date. — Ordonnance condamnant à la même peine le sieur Richard Desnanots, bourgeois et habitant de la paroisse de Saint-Vivien, pour avoir fait planter en vignes une pièce de trois journaux et demi.

**LETTRE de Faget de Casaux, subdélégué de Marmande, à Tourny, sur la manière dont le sieur Boiras a accompli sa mission dans la juridiction de Monségur.**

C. 1344.

---

Marmande, 22 mars 1754.

Monseigneur,

Les procès-verbaux, faits par le sieur Boiras aîné, mon secrétaire, en conséquence de vos ordres, au sujet des nouvelles plantations de vigne faites en contravention aux arrêts du Conseil dans la juridiction de Monségur, ont été par luy faits sur les lieux et sur l'aspect, nature et qualité du terrain nouvellement complanté, et dans lesquels il a exactement établi la nature des fonds, et tels qu'ils étoient aparents au temps qu'ils furent faits, et dans lequel les terrains se dénotent le moins de toute l'année. Si ces procès-verbaux avoient été retardés jusqu'au mois de may de la présente année, il auroit pu se faire que le terrain de certaines plantations auroient paru alors avoir meilheure aparence. Ledit sieur Boiras m'a assuré que le temps et l'époque des plantations est certaine et qu'il s'étoit attaché à n'y incérer que la vérité, que les dénonciations pour la quantité n'avoient pas été données dans la sincérité qui convenoient, et que les pluyes avoient tellement dégradé les complants qu'il avoit été nécessité (sic) de se servir des fonds qui servoient de confrontations pour connoître la qualité du fonds complanté, qu'il s'étoit uniquement ataché à constater la vérité.

J'auray l'honneur de vous observer, Monseigneur, que les parroisses de Sainte-Vivien, Sainte-Gème et Saint-Michel sont de la dépendance de la juridiction de Monségur, qu'il n'y a dans aucune d'ycelles point de sindic, mais seulement des collecteurs pour le recouvrement des deniers royaux, qui changent annuellement ; qu'il arrive souvent que ces colecteurs annuels, ne sçachant ny lire' ny écrire, ont des clercs pour coucher les payements sur les rolles ; qu'ainsy je ne fairay notiffier votre ordonnance qu'aux contrevenants.

J'auray l'honneur de vous assurer que quelques particuliers dénommés dans les états de dénonciation, allarmés de l'opération dont mon secrétaire était chargé, prirent le parti, avant qu'on pût se transporter sur leur fonds, d'y aller eux-mêmes et d'arracher et de faire arracher les complants par eux faits.

J'ai l'honneur d'être...

FAGET DE CASAUX.

---

**SUPPLIQUE de Brezetz qui attend de la justice de Tourny la permission de planter la vigne pour laquelle il a été condamné.**

C. 1344.

---

Après le 17 mars 1754.

Supplie humblement Antoine de Brezetz, avocat, disant... le terrain, quoyque nouvellement défriché, est... impropre à produire aucune espèce de grains; estant souvent avoiné.. le blé ne peut y formé l'épy.. Le supliant a voulu faire l'essay de ce terrain et sçavoir s'il seroit propre à y faire venir de la vigne, pour ensuitte vous demander la permission d'en faire le complant... Les rangs de jeunes vignes dont il est fait mention au procès-verbal, ne sont que l'essay que le suppliant voulait faire pour sçavoir si le terrain seroit propre à y faire venir de la vigne.

Ce procès-verbal fait de vostre authorité, Monseigneur, n'a donc fait que prévenir celuy que le supliant vouloit avoir l'honneur de vous demander, afin de complanter en vigne la pièce de terre dont s'agit; et, comme le procès-verbal contient tout ce qui est requis et nécessaire à fin d'obtenir la permission du complant, le suppliant l'emploit avec confiance et attend de vostre justice, Monseigneur, la permission de complanter en vigne la pièce y mentionée...

DE BREZET, supliant.

**SUPPLIQUE de Richard Desnanots, condamné à payer trois mille livres et arracher sa vigne (Extrait).**

C. 1342.

Après le 17 mars 1754.

A Monseigneur le marquis de Tourny...

Supplie humblement Richard Desnanots... devenu propriétaire en juillet 1751, n'a complanté la vigne qu'en 1752. Il est constaté.., par le verbal de transport du juge de Monségur et par la déclaration du sieur curé de Saint-Vivien, que la pièce dont il est question étoit : la majeure partie en vigne, le restant en friche, et le tout impropre à tout autre usage que pour y faire des complants de vigne...

Par l'arrest du Conseil... il est permis de pouvoir rétablir les vignes et les complanter, toutefois avant les deux ans qu'elles ont resté sans culture. C'est ce qu'a fait le supliant. Le verbal du juge de Monségur, du 11 mars 1752, justifie, en effet, que la majeure partie de la pièce étoit en vigne, qui ne fut rétablie qu'au mois d'avril suivant ; les deux ans prohibés par l'arrest du Conseil n'étoient point expirés, puisqu'il ne le sont pas encore.

Descharger le suppliant de la condamnation de trois mille livres, et, en plus, ordonner que la pièce de vigne restera dans sa nature...

---

**SUPPLIQUE de Despart et de Ravalleau, condamnés pour avoir planté des vignes sans autorisation (Analyse).**

C. 1345.

Avril 1754.

Supplient, humblement, François Despart, voiturier, et Guillaume Ravalleau, brassier, habitants de la parroisse Saint-Vivien, juridiction de Monségur... « disant que, par la signification qui leur a été faite, le 25 mars dernier, de l'ordonnance de Votre Grandeur, ils ont veu être condamnés à trois mille livres d'amende pour un plantement de vigne... »

Les suppliants, « qui sont dans une ignorance crace, n'ont jamais çu, ny connu ces arrêts et ordonnance. »

Et, « dans l'idée que leur a fourny leur intérêt, voyant ne pouvoir faire produire aucune espèce de grain à une terre en friche, que le sieur Despart acquit, en 1728, pour une somme de quarante-deux livres; de laquelle pièce le sieur Despart en céda une partie au dit Ravalleau, ils crurent pouvoir faire produire à ce fonds, quoique fort ingrat, au moins de quoi en payer les impositions. »

« Il vous plaira, Monseigneur, les décharger de l'amende de trois mille livres ; et, recevant les offres qu'ils ont fait d'arracher la vigne et d'abandonner les fonds, les décharger du payement des impositions à quoy lesdits fonds se trouvent sujets. »

---

**SUPPLIQUE des sieurs Chaigneau et Cougnil. condannés à trois mille livres et à l'arrachement de leurs vignes (Extraits).**

C. 1344.

---

4 avril 1754.

A Monseigneur de Tourny,

Supplient humblement Guillaume Chaigneau et Pierre Cougnil, habitants de la jurisdiction de Monségur... disant que, par la signiffication qui leur a été faite, le mois de mars dernier, de l'ordonnance de Votre Grandeur, ils ont veu être condamnés chaqun.., à trois mille livres d'amande, pour un plantement de vigne que chacun des supplians ont fait.... Ils ignoraient les arrêts et ordonnances, et « dans l'idée que leur a fourny leurs intérêts, voyant qu'ils ne pouvaient, l'un ny l'autre, faire produire aucune espèce de grains [à ces terres, qui,] atendeu leur mauvaise quallité,... avoient étés abandonnés et regardés comme vacquants en friche, — ce que voyant le seigneur du lieu les auroit donné à nouveau fief aux suppliants —, ceux-cy crurent pouvoir experer de faire produire à ce fonds, quoyque fort ingrat, au moins de quoy payer les impositions, en le complantant en vigne... »

Il vous plaira, Monseigneur, de décharger de l'amende chacun des suppliants ; et, recevant leurs offres d'arracher les vignes, les décharger du payement des impositions des terres qu'ils laisseront en friches..

Chaigneau, suppliant. — Cougnil, suppliant.

**SUPPLIQUE de Renateau, expliquant que sa nouvelle plantation était en remplacement d'une ancienne vigne (Analyse).**

C. 1344.

5 avril 1754.

A Monseigneur de Tourny.

Supplie humblement Jean Renateau, laboureur, de la paroisse de Saint-Vivien, juridiction de Monségur, disant qu'il possède une pièce de terre... d'un journal et demy, de tout temps plantée en vignes et où il ne peut venir autre chose, par la mauvaise qualité de la ditte terre. Il a planté la nouvelle vigne aussitôt l'autre arrachée, et, ignorant les arrêts du Conseil, il l'a fait sans demander permission...

« Lors du procès-verbal, sur l'interpellation que lui fit le sieur Boiras ayné, il avoua que la pièce de terre était inculte depuis cinq ou six ans, et cella dans la veues qu'il serait dans un cas plus favorable ; mais il n'est pas moins vray que laditte pièce était planté lorsqu'on la défricha ; laquelle ne fut défrichée que parce qu'elle ne pouvoit plus produire, ainsy qu'il est justifié par le certificat donné par le sienr curé et principaux de laditte parroisse.... »

« Sy Votre Grandeur trouve à propos qu'il arrache la vigne.. il l'arrachera : ... il y a lieu de le décharger de l'amende prononcée.. »

---

**LETTRE de Moras, contrôleur général, à Tourny, le consultant sur l'opportunité de révoquer les défenses de planter des vignes.**

C. 1344.

A Versailles, ce 18 mai 1756.

Il a été fait des représentations au Conseil sur l'arrest du 5 juin 1731, par lequel il a été ordonné qu'à commencer du jour de sa publication, il ne seroit fait aucune plantation de vignes dans les provinces et généralités du royaume, et que celles qui auroient été deux ans sans être cultivées ne pourroient être rétablies sans une permission expresse de Sa Majesté, à peine de trois mille livres d'amende. Et, sur le fondement que ces deffenses sont contraires à l'ordre public, et à liberté que chacun doit naturellement avoir de faire usage de son fonds de la manière qu'il juge la plus convenable à ses intérêts, on propose de les révoquer. Ces motifs paroissent assés favorables ; mais, comme l'arrest de 1731 n'a été rendu, pour faire loy générale dans tout le royaume, qu'en très grande connaissance de cause, et même en conséquence des représentations que plusieurs de messieurs les Intendans avoient faittes sur la disette des grains, qu'ils attribuoient à la trop grande multiplicité de vignes plantées dans des plaines propres à produire du bled, je n'ay point voulu proposer à Sa Majesté de déroger à l'arrest de 1731, sans avoir préalablement consulté messieurs les Intendants sur la question de sçavoir si les motifs qui avoient donné lieu à cet arrest subsistent encore, et s'il n'y auroit aucun inconvénient, en révoquant les deffenses qu'il prononce, à donner une liberté indéfinie sur la plantation des vignes. Ainsy, je vous prie de me marquer, en ce qui concerne votre généralité en particulier, si vous pensés que l'on puisse sans danger y admettre cette révocation purement et simplement, ou du moins y tolérer une exécution moins rigoureuse de l'arrest de 1731. Et, pour parvenir au point d'éclaircissement nécessaire à ce sujet, je crois que vous ne pourriés opérer plus utilement (l'arrest de 1731 ayant eu vingt-cinq ans d'exécution) qu'en comparant, autant que vous le trouverés possible, l'état où étoit votre généralité avant 1731, par raport à la culture des terres en bled et aux plantations des vignes, à la situation actuelle où elle se trouve. Cette opération doit nécessairement conduire à une règle d'expérience propre à déterminer le parti que l'on doit prendre à ce sujet.

Je suis, Monsieur, votre très humble et très obéissant serviteur.

DE MORAS.

A M. de Tourny, conseiller d'Etat.

---

**LETTRE de Tourny à Moras, dans laquelle il se montre d'avis de maintenir les défenses de planter de la vigne, mais en les rendant moins absolues.**

C. 1344. Minute.

A Bordeaux, ce 6 juin 1756.

M. le controlleur général,

Il est vrai que les deffenses de faire aucune nouvelle plantation de vignes dans les provinces du royaume, sans une permission expresse de Sa Majesté, sont en général contraires à l'ordre public, et à la liberté que chacun doit naturellement avoir de faire usage de son fond de de la manière qu'il juge le plus convenable à ses intérêts.

Mais, monsieur, quand ces deffenses ont été données par tout le royaume, par l'arrest du Conseil du 5 juin 1731, et, précédament, pour la généralité de Bordeaux, par un arrêt particulier du 27 février 1725, on a fort bien senti qu'on allait contre le principe allégué, et l'on n'a pas cru qu'il dut arrêter, parce qu'on a vu qu'il étoit nécessaire d'empêcher l'augmentation du mal public, qui avoit fort avancé, et qui opéroit encore chaque jour l'abus qu'on faisoit d'une liberté bonne en soy mesme.

En effet, un intérest mal entendu portoit chacun à donner à une grande partie de sa terre une culture qui luy eut été avantageuse, si le trop grand nombre de personnes tendant au mesme but ne luy eut fait perdre, par la vilité de la production, l'utilité qu'il s'en proposait, indépendament qu'elle se trouvoit nuisible à d'autres égards, tel que celuy de la cherté des matières qu'elle exigeoit à sa suite.

Il en est, monsieur, encore de mesme. D'un cotté, les deffenses sont venues trop tard, et, de l'autre, si on n'y a pas contrevenu ouvertement, la fraude a été plus industrieuse à faire des entreprises contre la prohibition, que l'attention de ceux qui étoient chargés d'y veiller et de les punir ; de façon qu'en général, il faut compter qu'il y a plus de vignes, et dans cette province et dans les autres du royaume, que lors de la publication de l'arrest du 5 juin 1731. Et quels terrains en sont plantés ? Quantités qui seroient propres à d'autres cultures, mesme à porter de bons grains, et presque tous au moins propres à donner du bois, dont on manque tant.

Il n'est presque personne, dans mon département, qui, sur la proposition : *faut-il continuer les défences ou les lever ?* ne s'écrie affirmativement : *les faire exécuter, sans quoy tout est perdu*. Il n'y a que dans le moment où quelqu'un auroit un terrain à faire planter en vigne, par espoir d'en tirer du profit, qu'il voudroit qu'en conservant la règle, il y eut une exception pour luy seul. Je dis plus, monsieur, je suis persuadé que, si, dans cette province, on mettoit en question, s'il ne vaut pas mieux arracher un quart ou un tiers des vignes que de laisser les choses dans l'état où elles sont, le parti de l'arrachement passeroit à la pluralité des voix, surtout des vignes en bonnes terres, malgré ce que chacun aurait à craindre pour soy.

Il y a deux cens ans qu'un pareil arrachement eut lieu dans cette province et quelques voisines. Je ne sçais pas s'il fut plus général, je sçais seulement qu'il ne nous reste pas de mémoire qu'on s'en repentit. Je ne vous le proposerois pas cependant, monsieur, moins sur ce qu'en luy-mesme je le croirois un mal, que parce que j'envisagerois une bien grande difficulté à l'exécuter avec justice.

Je me restrains donc à être d'avis de laisser subsister les deffenses; peut-être, seulement, serait-il mieux qu'elles ne fussent pas si absolues, qu'il fallut, pour en dispenser, des permissions du Roy ; mais que messieurs les Intendans en pussent accorder, d'après des procès-verbaux qu'ils auroient fait faire, pour justifier que les terrains qu'on proposeroit à planter ne seroient propres à aucune autre production.

Il y a encore le cas de certains païs où presque toutes les vignes, étant sur des rochers dont la terre s'emporte par la rapidité des pentes dans les orages, n'y durent communément que quatorze à quinze ans, comme dans une partie du Périgord. Au moïen de quoy, on ne peut se dispenser de donner de tems en tems des permissions pour de nouvelles plantations : le Conseil y avoit autorisé mon prédécesseur dans le canton dont je parle, et j'en ay usé à sa suite.

C'est, monsieur, ma réponse à la lettre que vous m'avez fait l'honneur de m'écrire sur la matière des vignes, le 18 may dernier.

J'ai l'honneur d'être, etc.

MACON, PROTAT FRÈRES, IMPRIMEURS

www.ingramcontent.com/pod-product-compliance
Ingram Content Group UK Ltd.
Pitfield, Milton Keynes, MK11 3LW, UK
UKHW020149200726
13856UKWH00003B/914